職場零混蛋求生術

7顆特效藥 擺脫豬隊友，
搞定慣老闆，終結奧客戶！

羅伯・蘇頓——著
徐立妍——譯

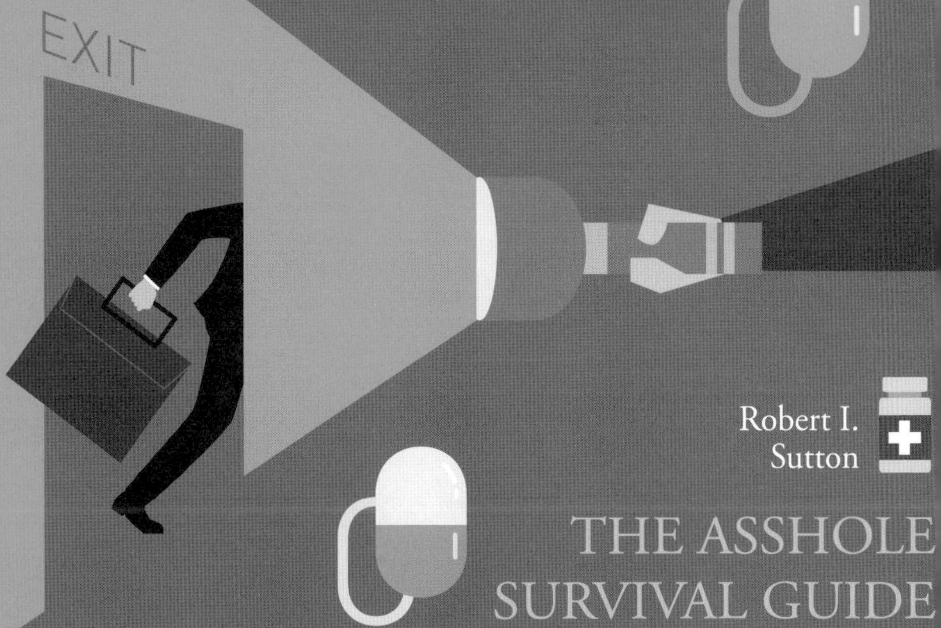

Robert I.
Sutton

THE ASSHOLE
SURVIVAL GUIDE

各界佳評

你需要這本求生手冊來面對生命中最糟糕的人，並且確保他們不會影響你。如果你曾經遇過糟糕的上司、客戶或同事，這本書塞滿各種建議，大部分都非常高明，而且一定都能做到。如果你的世界不受混蛋侵擾，那就把這本書當成保險方案吧。

——暢銷作家　**亞當．葛蘭特**（Adam Grant）

雖然我們都想努力避開混蛋，但他們不免會出現在我們生活中。羅伯．蘇頓為我們列出清楚、體貼又實用的解決方法，幫助我們撐過那些令人痛苦的情境。書中收錄了最新研究和真實事例，讓我們思量再三，又經常捧腹大笑。本書是你絕對不可或缺的工具。

——暢銷作家　**葛瑞琴．魯賓**（Gretchen Rubin）

先是《拒絕混蛋守則》警告我們有這樣的問題，如今《職場零混蛋求生術》要來提供解決方案。

這本書是當代的經典，一本高明而又精彩的指南，降低我們與混蛋、惡霸、暴君和討厭鬼碰面的機會，保護我們不受這些想要打擊、貶低我們的人所害。現在我們文明有禮的社會正遭逢攻擊，更是迫切需要這樣的解藥，除去我們當中的混蛋。

——暢銷作家　**丹尼爾・品克**（Daniel H. Pink）

要打造絕佳的工作環境，其中一個最大的阻礙就是那些混蛋，他們的行為會造成一個充滿敵意的工作環境，降低員工的投入心力、生產力以及忠誠度。羅伯・蘇頓寫了一本超棒的書，解釋這個問題的嚴重性，並提供處理問題的有效策略。

——貝雅公司（Baird）董事長兼前任總裁　**保羅・柏賽爾**（Paul Purcell）

（貝雅是《財富》雜誌調查最想為其工作的一百家公司第四名）

羅伯・蘇頓非常明智、風趣。每個人的人生總會遇見幾個混蛋，而他會告訴你確切的方法，教你究竟如何處理這般不幸的現實。只要你發現自己得應付那些苛待你的人，《職場零混蛋求生術》絕對會成為你的指引。

——暢銷書《安靜，就是力量》作者 **蘇珊・坎恩（Susan Cain）**

獻給伊芙、克萊兒與泰勒
謝謝你們的笑聲與愛

職場零混蛋求生術

目錄

1

八千封電子郵件

我寫這本書是為了回答一個已經被問過幾千次的問題——問法各有不同，但基本上都是：「我要跟一個混蛋（或是一大堆混蛋）打交道，救命啊！我該怎麼辦？」就從我每天收到的混蛋電子郵件中找幾個例子，思考看看。

以下這封信來自一名醫師，他在一家「完全無法運作」的醫院工作，和一名「你所能想像到最冷血的團隊領袖」共事：

身為一名下屬能怎麼做？我可以低著頭，盡我全力照顧好我的病人，努力忽略那種殘酷，但是在這樣的環境中工作實在太不人道了。

一位美國伊利諾州的路德宗牧師寫道：

我們教堂中有許多工作都是交給沒領薪水的人，但有些人有時候會傷了其他義工的心。您能不能給點建議，教我如何處理自願來幫忙的討厭鬼？

一名退休的德國製造經理來信詢問：

在我的職涯中至少因為某些王八蛋幹的好事而被開除了三次，像是「行銷業務顧問」，就是一群王八蛋、混蛋。我要怎麼教我兒子，才不會讓他也遭受到相同的命運？

一名矽谷的執行總裁寫道：

董事會上實在有太多新創企業家、太多創業投資者，他們缺乏公司運作經驗。不知道你有沒有研究過或思考過渾帳董事（就是糟糕的個別董事會成員），或是完全無法運作的董事會，也許可以稱做「王八董事會」。

還有一個華盛頓特區的圖書館員：

我陷進俄羅斯混蛋的爛泥巴裡了，救命啊！

差不多每天都會有人用自己的版本問我這個問題，透過那些郵件寄到我手上，同時也會透過推特、LinkedIn 和臉書。一遇到我，學生、同事、客戶、朋友、仇敵和親戚就會這樣問，不管當下的場合是課堂上、教職員會議、婚禮或葬禮。每個禮拜大概會有一次，某個陌生人打電話到我史丹佛大學的辦公室問這個問題。我遇到過各種人問我求生的撇步，有好市多賣場和沃爾格林藥局的店員、克里夫蘭診所和史丹佛醫院的醫師和護理師、各家航空公司的空服員，包括法國航空和聯合航空、在舊金山和愛達荷州的工地工人、杜拜和舊金山的優步司機、紐約市的地鐵乘客和舊金山灣區捷運的乘客、阿富汗的美國海軍陸戰隊員、一個是德州的監獄保全、幾名天主教神父、一位猶太教的詩班領唱（還有領唱的妻子）、五十幾名律師，還有至少十幾位總裁。最近幾個月以來，我就聽到不少人跟我求助，有一個是紐約的醫師、一所小型文科大學的學務長、一名美軍的心理學家、一所法國大學的一群大學生（透過Skype發問）、一位史丹佛大學的駐衛警小隊長、我的理髮師伍迪，甚至還有我的母親。

他們之所以會一直發問也不奇怪，一切都要歸因於我在二〇〇七年出版的《拒絕混蛋守則》（還有再早幾年為《哈佛商業評論》撰寫的一篇相關論文）。我以為這篇討論混蛋的東西只是暫時偏離我的研究本行，大概不到一年我就會回頭去研究領導能力、創新和組織變更。我錯了。那本小小的書牽動某條神經，我花了幾年才逐漸接受，不管我這一生寫了什麼其他東西，或是其他研究造成了什麼影響，人們對我的第一印象、最強烈的印象永遠只會是「混蛋專家」。在美國和其他十幾個國家，大概有八十萬名讀者都買了一本《拒絕混蛋守則》，遠遠多過我其他著作。不斷湧入的電子郵件、社交媒體訊息、傳統紙媒的詢問，還有許多令人不安的詭異或有趣對話，談論著所有跟混蛋有關的一切，已經成為我生活的一部分，我想我應該會、（通常）也很喜歡，努力用體貼和鼓勵的心情來面對。

許多讀者受到《拒絕混蛋守則》的吸引，因為他們身邊處處都是混蛋，所以覺得自己如同糞土一般，而想尋求慰藉。在我之前的著作《當混蛋當道，如何存活：抱持最大希望，做好最壞打算》中，確實有一個章節在談這件事，不過這本書主要是在說如何營造文明的工作環境，而非解決混蛋的問題。《職場零混蛋求生術》則完全是為了提供策略和小妙招，讓人能夠逃離、忍受、對抗、逼出那些惡霸、背後捅刀的小人，還有王八蛋。

我花了好幾年發展出這些策略和妙招。過去這十年來，不管我「應該」研究什麼題目，大多數日子裡，我總會花上一、兩個小時思考、閱讀、與人討論、撰寫有關混蛋還有他們的事蹟，並且不時就能觀察到無禮或濫用權力的人在他們的自然棲地中有何行為表現。成果就是這本《職場零混蛋求生術》，書中提供我所能集結的最佳建議，教人如何面對那些讓人覺得受到壓榨、貶低、羞辱或氣力全消的人。我把焦點放在工作環境上，但是書中所教導的事情也適用於其他環境的混蛋問題，例如非營利機構和學校中的志工，還有教堂、廟宇、清真寺中的討厭鬼，也可用來處理公共場所出現的無禮行為，像是捷運、機場、購物中心，還有體育館。

這裡提出的策略和妙招都是根據針對經常貶低、不尊重他人者所做的學術研究而形成，近幾年來這樣的研究對象有如雨後春筍般冒出。谷歌學術是專門搜尋學術著作和文章的搜尋引擎，已經成為學者的金牌標準，用來嚴密檢視各種理論和研究。利用谷歌學術搜尋「濫權管理」於二〇〇八至二〇一六年間出現的結果，有四九一〇筆學術文章和書籍；「濫權顧客」有二八二筆結果；「粗魯」有一萬六千筆；「無禮」有一萬五千五百筆；「霸凌」有十四萬筆；「職場霸凌」有一萬一千八百筆；「職場鬧事」有二千九百筆；「路上暴怒」有六六八〇筆；「機上暴怒」有三六九筆；「電話暴怒」有九十二筆；「言語攻擊」有一萬六千五百筆，而「微型攻擊」則有二一九〇筆。但是我的建議並不是為了全面回顧、毫無偏頗的統整這些如何應付混蛋的科學研究。這些研究相當有啟發性，不過仍不夠明確、不夠完整。要在混蛋底下求生，還是比較接近一種技巧或技術，而非科學。

因此，我要將這些從研究中得出的成果，融入沒那麼學術的故事和解決方法中。《職場零混蛋求生術》從世界上各個角落還有網際網路上蒐集案例，從《紐約時報》到大衛．肯卓克（David Kendrick）那篇探討網路行為的絕妙貼文〈豬頭的條件〉，同時我也融入自己觀察和親自訪談而得出的心得，多虧我曾經在各種不同機構中擔任顧問和講者（像是亞馬遜網路書店、沃爾瑪超市、蓋洛普民調公司、谷歌、精品商LVMH、知識就是力量計畫學校〔KIPP〕、麥肯錫、微軟、克里夫蘭醫學中心、皮克斯、軟體商SAP、推特，以及史丹福針對美式足球聯盟行政人員進行的計畫），也和各種不同的人共事，包括社工、菲爾茲咖啡的咖啡師、史丹福醫院的護理師、迪士尼總監們、人力資源行政人員等（值得注意的是派蒂．麥寇德〔Patty McCord〕，她在網飛〔Netflix〕初創的前十四年都在這家公司任職），另外也與許多研究者合作，包括多倫多大學的凱蒂．迪謝爾斯（Katy DeCelles），她研究人在機上暴怒的成因、獄警對待囚犯的手段，還有籃球教練對球員發脾氣的影響。

這本書也要歸功於那些人們寄給我抱怨混蛋的信件。我試圖將每封信件都歸檔到我整理得不太漂亮的三個資料夾裡（「不適用」、「老闆」、「職場零混蛋求生術」），底下還有六十幾個次分類的資料夾（例如「混蛋老闆」、「混蛋下屬」、「英國人」、「客戶」、「混蛋公司」、「旁觀者」、「公共生活」、「聽起來很瘋」、「義大利人」、「網路混蛋」、「反擊」、「脫身」、「對抗的錯誤方法」、「成功故事」等等）。我保存大約有八千封這樣的信件，大部分都牽涉到這本書所提及的某種問題，只是各有不同版本罷了。許多寄信給我的人也會告訴我他們嘗試過哪些（成功與不成功的）生存守則。而《職場零混蛋求生術》也收錄我回覆過的一千五百多封信，其中有鼓勵、建議，也有進一步的追問[1]。

1　作者註：這本書中忠實呈現出我所收集的電子郵件、媒體報導、個人經驗、對話與訪談，在許多郵件、觀察、對話及經驗談中，我並未指名道姓，因為我向告訴我故事的人保證會保密，而在少數幾個案例中，我改變了幾項資訊，包括性別、地點和職位，因為有些人特別擔心自己的和施虐者的姓名會曝光，所以我要保護他們的身分。

傷害已經造成

二〇一〇年，我和一名年輕的公司執行長聊天，他很擔心自己不夠像已故的史蒂夫·賈伯斯，而他的事業和這間小小的新創公司將因為他的個性平穩、對人以禮相待遭受苦果。過去這幾年來，我經常與人有類似的對話，我的回應就和我對這名執行長說的一樣，我總是指出專家學者其實對「混蛋先抵達終點」有所疑慮，這句話是（如今已退休的）「專業混蛋」塔克·麥克斯（Tucker Max）為自己的書所下的標題，他把這本書獻給他的「老朋友和好兄弟」。或者，近幾年來我會引用一些文章的說法，例如傑瑞·尤興（Jerry Useem）在二〇一五年發表在大西洋月刊上的文章〈當混蛋的代價〉。

我在史丹佛大學的同僚傑夫·菲佛（Jeff Pfeffer）認為，把他人視為糞土可以為個人的成功鋪路，他向傑瑞·尤興解釋原因，說如果你把蟒蛇和雞關在同一個籠子裡，「蟒蛇就會吃掉雞」。我同意，能力優秀的混蛋有時候讓別人感覺遭到壓迫、貶低、不受尊重或是垂頭喪氣，可以打擊對手、吸引同伴（這些人與混蛋結盟有部分原因是希望自己能逃過混蛋的怒氣發作、背後捅刀或是難看的臉色）。將其他人視為糞土、自私自利的心態，有利於在單純「我贏你就輸」的競賽中求勝，也就是說不管是現在或未來，都沒有必要非跟別人合作不可。這本書的第六章會討論到在什麼時機讓混蛋自嘗苦果是個反擊的好方法，還有這麼做的原因（不過我得先警告，就像我太太瑪麗娜說的：「你往別人身上扔大便的時候，常常也會沾得你滿身都是。」）。

即便如此，我讀了那一大堆研究資料之後，發現一些學者專家會讚揚惡霸、愛占便宜的人，還有自戀性格的人，其實是誇大這種行為掠奪來的好處，而忽略這些混蛋給自己招惹來的傷害（尤其是從長遠來看）。這個結論也符合其他學術研究的結果，包括華頓商學院的亞當・葛蘭特（Adam Grant，他的研究題目是「給予者」與「掠奪者」的命運）、南加州大學的克莉絲汀・博拉斯（Christine Porath，她研究粗魯無禮的行為），還有加州大學的戴曲爾・克爾納（Dacher Keltner，他研究的是情緒與權力之間的角力關係）。這些教授與其他多人的迷思，認為賈伯斯之所以能成功，有部分要歸功於他的個性霸道、脾氣暴躁又不通人情，就是這個迷思讓那位年輕的執行長不禁思考著，自己是否也應該這麼做。卡特莫爾也認為賈伯斯並非浪得虛名，「他創業之初確實言行有失」，不過卡特莫爾強調，許多作家、傳記作家和製片人都忽略這個故事當中一個關鍵部分：賈伯斯被「踢出」蘋果電腦，早年又在自己的高端電腦公司 NeXT 遭受一連串挫敗，接著是皮克斯，他後來其實變得比較好了。正如卡特莫爾所說，賈伯斯「在荒野中徘徊」了十年，他解釋，「賈伯斯努力去面對、理解這些失敗，然後在皮克斯成功，這段過程中他變了，變得更有同理心、更願意去傾聽、成為更優秀的領導者、更優秀的夥伴。」卡特莫爾說正是這個「更為體貼、更懂得關心」的賈伯斯，「創造了無比成功的蘋果電腦」。賈伯斯仍然不會輕易妥協，要跟他爭論並不容易，還是個完美主義者，但是卡特莫爾發現，賈伯斯早年曾經因為苛待他人的壞名聲而備感苦惱，他拋開這樣的行為後才迎來最大的成功。

不過，就算推崇混蛋的人說的對，一天到晚（或者是大部分時間）都當個徹頭徹尾的混蛋，確實是一個人成功的途徑，但是將他人視為糞土會造成的傷害實在太大，**就算你是個贏家也是混蛋，在我這本書中來看，你仍然做人失敗**。

我會這樣說不僅僅是因為我是「混蛋專家」，雖然要如何對付混蛋才是上策仍舊沒有清楚而完整的佐證，但貶低、羞辱他人所造成的負面效應卻是一清二楚。在不同領域中共有上千份研究，都能證實混蛋總成本（total cost of assholes, TCA）對團體、組織和社會而言有多高，特別對遭到針對的個人更尤是。想想要讀完這一大堆該死的資料是什麼滋味。

有上百份實驗結果顯示，面對常常辱罵他人、貶低他人的粗魯之人會影響其他人的工作表現，包括他們的決策技巧、生產力、創造力，以及是否願意更努力一點工作、多加一點班好完成計畫，還有幫助同事，給予建議、出力相助、提供情感支持。例如，有一份實驗是針對以色列一間新生兒加護病房中的醫生與護理師，進行方式是讓他們面對一名粗魯無禮的美國健康照護專家。這個獐頭鼠目的美國人會羞辱以色列醫護人員的技巧與智力，他告訴他們，他「並不滿意以色列的醫藥品質」，又說他在以色列觀察到的醫護團隊在他美國的部門裡「撐不到一個禮拜」。遭到看扁的醫生與護理師在工作表現上變得更為糟糕（與控制組相比），包括診斷醫療訓練假人的生理惡化情形、腸穿孔和心臟問題。

也就是說，這個美國來的混蛋把以色列的健康照護專家們搞得心神不寧，甚至連照顧病童的能力都降低了。無禮的病人對醫師也會有類似的影響。一份在荷蘭進行的研究結果就發現，醫師面對要求太多、愛挑釁的病人，能力會受到這些病人質疑，診斷的錯誤就會變多；反之，面對較有禮貌的病人時，診斷則比較準確。

二〇一一年，知名的科幻小說作家威廉・吉布森（William Gibson）轉發一則推特文，原發來自「煞氣 d.e.b.」（推特帳號 @debihop），這則推文引發軒然大波：「在你自我診斷為憂鬱症或是低自尊之前，先確認一下，說不定其實只是因為混蛋就在你身邊。」

有許多證據都能支持 @debihope 的建議。有許多針對粗魯及無禮行為的研究，包括講話大聲、惹人厭又不停咒罵的飛機乘客在空中暴怒、電話暴怒、路上暴怒，還有「行人挑釁症候群」等等，這些研究都指出這樣顧人怨的行為相當有感染力，能影響受害者的心理與生理健康狀況好幾天，甚至好幾個禮拜。上千份針對遭受霸凌的孩童研究發現，這種心理創傷包括了學業表現不佳，還會伴隨著心理與生理的健康問題。而遭到同儕霸凌的孩童也許一輩子都會懷著陰影，他們在成年後也容易出問題，包括更容易被捕入獄、經濟狀況不佳、憂鬱症，還有嚴重菸癮。

對於職場混蛋的研究（也就是本書聚焦所在）則發現，經常羞辱他人、不尊重他人的同儕、下屬、顧客與客戶，還有特別是老闆（稱之為「混蛋老闆」），能夠破壞一個人的工作表現和幸福感。例如，生產線工人遭遇到言語暴力時，會出現情感疏離的反應，生產力也隨之降低；新進護理師如果被資深護理師和醫師霸凌，比較不會努力工作，對病人也較沒同理心；服務業員工在面對顧客的挑釁時（例如冒犯的手勢、咆哮、咒罵、瞪視），會更常反應自己的心理與生理健康問題，對工作也不會太認真。而且，服務業員工如果看見顧客苛待同事（而不是自己親身體驗），也會出現類似的狀況。

而且把他人視為糞土的心態是會傳染的，所以說，如果你跟一個混蛋共事（或者更糟的是跟一群混蛋），你也有可能會變成混蛋。一份二〇一二年的研究就記錄過這種鳥事如何一路往下越滾越大：苛待他人的資深主管更容易選擇或培養出苛待他人的團隊領袖，而這個傢伙就會在自己的團隊中引起毀滅性衝突，最後扼殺團隊成員的創造力。

要列出職場混蛋所造成的傷害可有一長串，列也列不完：減低信任感、動機、創新，也讓員工較不願意提出建言，還會增加職場的浪費、偷竊、曠工、無禮等行為。根據俄亥俄州立大學的班奈特．泰普教授（Bennett Tepper）和他的同僚估算，職場主管的濫權行為一年會耗費美國企業二十三．八億美金（依據曠工、健保支出和生產力下降的損失）。這是二〇〇六年的數據，現在應該更高。職場混蛋也會引起受害者焦慮、憂鬱、睡眠障礙、高血壓，還會危害他們與親友的關係。歐洲的一份長期研究也顯示，為混蛋老闆工作會增加心臟病風險，甚至縮短壽命。還有一份進行二十年的研究就追蹤了六千名英國的公務人員，發現如果他們的上司對之做出不公的批評、不願意聽進他們的問題、很少稱讚他們，那麼員工更容易發生心絞痛、心臟病發等問題，更可能因心臟病死亡。

你明白了吧。無論你身邊的混蛋是不是成功人士，或者他們（更可能）搞砸自己的人生、事業和公司，他們對你、對其他人都會造成危險。我寫這本書就是為了要幫助你保護自己和你所重視的朋友、同事、客戶、團隊和組織，不受這些卑鄙的人所害，免遭他們惡劣的言行荼毒。

接下來會讀到什麼

接下來六個章節會談到如何評估、逃離、忍受、對抗、逼出那些惡霸、背後捅刀的小人，還有王八蛋。第二章〈混蛋評估表：問題有多糟？〉會提供六道診斷問題，幫助你評估眼前的混蛋問題有多麼危險、多難處理，又會有多大危害，是否需要輕度、中度還是重度的防護措施？再來四個章節則是考量不同求生策略的優缺點和細微差別：第三章要教你如何、何時施展〈乾淨俐落的脫逃術〉；第四章則要提供〈躲避混蛋的技巧〉，面對你無法脫逃開的混蛋，教你減少曝光的方法，至少能擋一陣子；第五章要談的是〈保護靈魂的心智控制術〉，或者該說是看待混蛋、回應其行為的方法，好減少對你和其他人的傷害；第六章要深入探討〈反擊〉的策略，介紹一些有效，偶爾還有些惡作劇意味的方法，能夠重整、擊退、趕走混蛋，可以挫挫混蛋的銳氣，或者讓他們落為毫無力量的紙老虎。

這本書最後的第七章是〈成為解決的方法，而非問題〉，我會告訴你讓零混蛋法則成為個人人生哲學是什麼意思，這個主題貫穿整本書，也將書中每一章緊緊相連。這條法則不只適用於團隊和組織，而是個人許下的承諾，能形塑你評斷人們的看法，決定你和哪些人來往、共事，還有你如何下定決心要發現自己和別人做出哪些無禮的行就會讀到，心理學家的研究指出，我們經常完全不知道或者輕忽自己的弱點和錯誤，因而膨脹自己的技巧和能力（特別是我們最不擅長的領域），容易將自己的問題怪罪在別人身上（就算那是我們自己該死的錯）。這份研究表明，如果你表現得像個混蛋，或者護著別人、容許別人做出惡毒無禮的行為，你就不太可能對自己或其他人坦率承認這樣的事實。因此，美國職場霸凌研究學會在二〇〇七年至二〇一四年間所做的全國性調查，結果也就沒什麼好令人驚訝的了：有超過百分之五十的美國人說自己曾經歷過或者目擊過霸凌事件發生，但卻只有不到百分之一的人承認自己會這樣不斷苛待他人。造成這麼大落差的其中一個原因是有些人的臉皮實在太薄，甚至根本疑心病太重，所以對一些經常發生的綠豆小事或是想像出來的輕蔑行為就過度反應，歸咎到那些根本沒想要傷害他們的人身上（甚至是想要幫助他們的人）。但是，最主要的原因還是那些表現得像個混蛋的人通常會無視自己的惡劣行徑，也不理會其他人作何感受。

我們的自覺有限，很容易就自行下判斷，這樣的判斷經常出現誤差，雖然這句真言不是萬靈藥，卻也能對抗這樣的反應。先不要將其他人貼上混蛋的標籤，讓你有時間去思考其他的可能性，能夠為混蛋嫌疑人設身處地想一想，而不是第一時間作出反應，有時會造成不必要的傷害與憤怒。先將自己貼上混蛋的標籤，或者至少該停下來想一想，或許自己也是問題的起因，凡是人都免不了傾向否認、輕忽我們的瑕疵與罪惡，因此這麼做可以與之相抵。而且這句真言也能讓你不再往惡毒行為的迴圈火上加油，不讓你和那個所謂的加害者雙雙感到委屈，或許也就不會對彼此大吼：「我不是混蛋，你才是！」

重點回顧

- 常常辱罵他人、貶低他人的混蛋會影響其他人的工作表現。對團體、組織和社會，特別是遭針對的個人而言，混蛋總成本不容小覷。
- 無論你身邊的混蛋是不是成功人士，如果跟混蛋共事，你也有可能會變成混蛋——請停止這種惡性循環。
- 打破偏見的真言是：不要給他人貼上混蛋標籤，先承認自己就是混蛋。

2

混蛋評估表

問題有多糟？

混蛋用來折磨目標的骯髒手段有很多，看看從我的電子郵件中擷取的這些可怕片段——彈耳朵、大吼大叫，她臉上掛著溫暖的笑容卻低聲在他耳邊說：「你真沒用，我會整死你。」這類「被動混蛋」（被動攻擊型的混蛋）對待人的方式，是把對方當空氣，不理會對方的要求，只會邀請她「偏愛的人」參加辦公室的節慶派對；還經常打斷對方的話，「五分鐘內就有五次」；問對方：「那件鳥事你辦好了沒？」；強硬要求在星期天舉行員工會議；嘲諷對方工作太認真；怒瞪、辱罵、一張「一大早的結屎臉」、不斷的嘲笑、把每件事都當成急件，還把每座小土丘都看成高山似的障礙。

在同事面前阿諛奉承，卻在他們背後散播惡毒的謊言；寫信告某個員工的狀，只因這人**提早**十五分鐘來上班；因為辦公室飲水機的補水晚了一點就大發雷霆；八年來只稱讚過她一次；幾乎每句話都帶著髒字；發起怒來的呼吸聲就像黑武士達斯維達一樣；用電話開除員工，還說其他同事也一樣；跟同事說客人覺得她很可憐，因為她「眼神悲傷」；顧客穿得一身「破爛」，便在人家背後說是「低級的醜女人」；把點燃的香菸扔到他身上；抓著她咬了她手臂一口，「留下瘀青」。

唉，你看到這些例子大概也不會吃驚，如今在傳統或社群媒體上能讀到的各種無理、惡意的行為實在多不勝數。但是這樣的瘋狂事蹟有些如果沒有照片佐證，看起來還似乎有造假嫌疑或是過度誇大。例如，二〇一六年亞洲新聞台將一段影片上傳到網路上，中國的山西長治漳澤農村商業銀行有一位經理當著幾百名同事的面羞辱八名員工，他用一根長棍打了每人四下屁股，因為「他們工作不夠認真」，做為「超越表現培訓課程」的一部分，其中一名遭打的員工哭泣流淚、腳步踉蹌，看起來相當痛苦。或者也可以在推特上搜尋@passengershame，人們會上傳現實生活中拍下的照片和影片，內容都是行為令人反胃的飛機乘客，例如光著髒腳丫舉到半空中、放到其他乘客的座椅扶手上。有一段影片是一個女人幫坐在隔壁的男人擠青春痘、拔鼻毛，還有另外一段影片是空服員請一名女子熄掉香菸，女子先是不理會然後又出言辱罵。

研究學者已經將上百種不同惡劣行為分門別類。卡爾頓大學的凱瑟琳・杜普雷和她的同事為了估算「顧客引起的職場攻擊行為」，訪問了四百二十八名員工是否或者有多常經歷、看見或是聽說過十一種奧客行為，包括「口出惡言」、「瞪視或者投以不屑的眼神」，還有「提出不實指控」。俄亥俄州立大學的班奈特・泰普建置一套虐待型監督量表，提出十五道問題詢問「我的上司」有多常做出以下行為，例如「在他人面前貶低我」、「對他人說我的不是」，還有「侵犯我的隱私」。耶魯大學的菲利普・史密斯及其同事研究的主題是「日常生活中的無禮陌生人」，他們列出了二十一種無禮行為（例如「擠到我前面插隊」和「占據太多個人空間」），也列出二十七個可能地點（例如「在超市裡」、「在公路或高速公路上」，或者「在機場裡」）。

換句話說，這些故事和研究中列出這麼多種不同的混蛋，在這麼多地方興風作浪，用這麼多方法行惡劣之事，也就沒有什麼一體適用的求生策略能夠應付每個混蛋。如果有人告訴你，他們知道一個步驟分明、完整而彈無虛發的方法能夠解決你所有的混蛋問題，那只是自欺欺人罷了。我沒辦法保證提供簡單或馬上見效的方法，但是《職場零混蛋求生術》能夠幫助你決定哪一種求生技巧和行動最適合解決你眼前遇到的這種爛事，找出減輕傷害的方法，有時或許還能得到最後的勝利。接下來的章節會提供實用的技巧和小妙方，在你發展、更新自己的一套專屬求生法則時可以考慮試試看。

第一步就是要先知道事情對你或是你想幫助的人而言有多嚴重。要小心第一印象，驟下判斷是很危險的。諾貝爾獎得主丹尼爾・康納曼（Daniel Kahneman）建議，一個人要是落入「認知地雷區」，也就是說遭遇到令人困惑而憂心的艱難挑戰時，應該先慢下來、研究眼前的情況、思考不同的路徑，並且跟一些聰明人聊一聊，然後才決定計畫、採取行動。有許多資料佐證驟下判斷的危險性以及慢下腳步先思考的好處。傑羅姆・格羅普曼醫師便大力倡導，希望其他醫師能夠一改過去的習慣，不要太快就為病人下診斷（多數醫師都花不到二十秒）。格羅普曼的恩師教導他，通常最好的建議就是「別做什麼，先站著」，這遠比很快做出糟糕的診斷，結果在病人身上做了錯誤的治療要好。

這一章要幫助你避免對混蛋嫌疑人的問題驟下判斷，本章提出六個診斷性問題，讓你思考一下，並且跟你所信任的人討論。第一個問題要幫你澄清自己到底有沒有受混蛋困擾；如果有，接下來五個問題會幫你想想問題有多糟，你就能知道自己該多麼努力（或者多拼命）解決問題。事情越糟糕，你就應該越努力提出並執行求生策略；你也越應該把其他需求擱置一旁，優先把重點放在處理並馴服折磨你的人；一路上你越有可能會遇到更多意外與挫折，讓你在擬定策略上更要多多試誤、多多調整。

你遇到麻煩了嗎？

正如我們所見，混蛋會做出各種令人無法想像的怪異行為，其中讓我忍不住心想「真是個混蛋」的傢伙，也就是那些讓我反胃作嘔、把我逼瘋的人，他們會讓我內心或是對在乎的事物感覺痛苦。和我分享那些混蛋故事的人們也有相同的經驗：他們受折磨的方式各有不同，但有一點相似之處，有某個人做了某些事，讓他們覺得不爽、吃虧、受挫，或者情緒受到其他干擾、傷害。

我把焦點放在目標的感受上，但不表示成為所謂的「受害者」就自動免除所有罪責，這和一般稱某人為混蛋、據之羞辱的遊戲不同。無論是不是由學者發放問卷來調查霸凌、虐待或攻擊行為，或是在推特 @passengershame 上傳令人反感的照片，一般認為這些惡毒行為都是邪惡、罪大惡極的加害者所為，再由無辜的受害者或旁觀者舉報。但是如果你**真的**想要了解混蛋問題，知道該如何處理才是上策，想想**你的**個性、背景和偏見如何左右你的感受。為自己的感覺負責，並了解是什麼讓其他目標或旁觀者想要舉報，能夠幫助你（或其他人）想出降低傷害的方法，同時也有助於你（或其他人）面對問題，避免問題越來越糟，比方說因為你的臉皮太薄、過度苛責或不理性責怪混蛋嫌疑人，或者你自己也做出混蛋行為，結果一發不可收拾。

所以第一個診斷問題是問問你自己，或是你想要幫助的人：

1. 你是否覺得混蛋嫌疑人對待你（或許還有其他人），好像把你當糞土一樣？

跟混蛋嫌疑人（或一群嫌疑人）接觸後，是否會讓你感覺受到壓迫、貶低、不受尊重，或是精力耗盡，或者以上皆是？

如果你對這個問題的答案是很肯定的「不是」，那麼這就不是問題，或至少不需要太在意。但如果答案是「是」，就表示你或其他人正受心理創傷所苦，要採取保護措施方為明智之舉。只要記住，並非所有混蛋問題都能一視同仁，有些問題就是比較糟糕。

有多糟糕？

一名行銷經理寫信告訴我一家「向錢看混蛋工廠」的故事，他在那裡工作好幾年了，他說那個地方實在爛透了，「應該要有人拿塑膠布把整棟大樓罩起來，然後朝裡面狂噴向錢看混蛋除蟲劑」。這家所謂的工廠裡頭「有暴怒的向錢看混蛋家庭成員控制著局面」，經常對員工、對彼此大吼大叫，「皺著眉頭呲牙咧嘴」，這名經理說，而且他們「把我當五歲小孩一樣對我講話」。

他列出一大長串那個管事家族的無禮與古怪行為，例如：「如果我在吃東西，比方說一袋洋芋片，主席就會走進我的工作隔間把手伸進袋子裡，看著我說：『可以分我吃嗎？』」這股負面力量也傳染了這名經理的直屬主管，這位主管一開始「個性樂觀、友善、積極，而且值得信任」，但是很快就變成殘酷無情的雙面人。經理坦承自己也變成一個「向錢看的混蛋」，引用他說的話：「我在電話上對著零售商發脾氣，壓力指數高到破表，而且我寄出越來越多寫著尖銳批評的電子郵件。我的私生活也開始受到影響，我下班回家後會莫名其妙就對我的伴侶發脾氣。」過了七年，他終於離開，但是已經忍受太多折磨，也給旁人帶來許多磨難。

這個案例讓我聽來又驚恐又覺得有趣，因為這名經理花了這麼久時間才發現這座「工廠」是如何腐化他、他的同事、伴侶，甚至還有被他那些無禮郵件之火波及的零售商，一直到他逃離之後才發現事情有多麼糟糕。很快檢視一下後面附上的診斷問題列表，就能知道問題有糟：他覺得自己被視為糞土，情況持續好幾年，同樣的人一再欺凌他（他們是「認證型混蛋」），這是系統性的災難，他的權力比大部分混蛋要小，而且他非常痛苦。

唉，我們人類否認現實、妄想的能力實在太強。也就是說，如果他能早些明白事情有多糟，我相信這位經理能夠更快採取有效的方法，尤其是可以早幾年逃走。無論你是否和他一樣面臨如此可怕的困境，又或者是比較微妙、不太好分辨清楚的問題，能夠先暫停一下、思考、分析情況會很有幫助。問問自己剩下的五個問題，並召集你信任的人，詢問他們的觀點和建議。

六個診斷問題

1. **你是否覺得混蛋嫌疑人對待你（或許還有其他人），好像把你當糞土一樣？**在和混蛋嫌疑人或認證型混蛋周旋時或在此之後，你是否覺得自己受到壓迫、貶低、不受尊敬，或者氣力全失？如果是，你最好開始擬定求生計畫。

2. **難看的情況會持續多久？**如果只是短時間，那麼你或許可以很快就拋諸腦後。但要是日復一日都是如此，又或者那短暫的事件不斷糾纏著你和其他人，那麼你就需要投入更多心力來建立並採取保護策略。

3. **你所面對的是偶爾傷人的混蛋還是認證型的混蛋？**如果你面對的只是偶爾傷人的混蛋，不如就不予理會，等他們恢復文明人的行為，不必急著給予負面評價，或者試試看當場溫柔關心一下。但要是你和其他人要對抗的是某個時時刻刻都表現糟糕的完全混蛋，那麼你在行動之前就需要更謹慎、更深思熟慮，因為你手上的問題更加危險、傷害也更嚴重。

4. **這是個人的災難還是系統性災難？**如果在你應付一個、或許是兩個混蛋的時候，身邊其他人都溫文有禮，那麼雖然你還是有危險，但是你身邊很可能就有能夠幫助你、支持你的人。最主要的風險在於那股惡毒很快就會散播開來，就像傳染疾病一樣。但要是你住在混蛋城市，每天都過得像是混蛋大道走九遍，那麼你不只得做好全面防護措施，可能仍會遍體鱗傷，而且你也不會有什麼潛在的盟友。

5. **你有多少力量能夠控制這個混蛋？**如果你的權力比混蛋還大，那麼你的選項就比較多了，例如要想離開或者趕走那個混蛋會比較容易。但要注意不要過度自信；就算你是群體的頭頭或者有錢有勢，也不代表你能為所欲為，或者你所擁有的權力可能不如你想像的大。如果你的權力比較小，而那個惡霸可以傷害你，那你就更危險了。你必須更仔細思考自己的策略，然後多花點心力來召集身邊能夠保護你的盟友。

6. **你到底有多痛苦？**這就是底線。會讓某人發瘋的事情可能對另人毫無影響，也許你只是特別玻璃心。但如果你要面對的人會讓你感覺深深受到壓迫、貶低、不受尊重，或者氣力全失，那麼你一定要馬上採取行動，而且這項行動會很花時間、很激烈，才能夠存活下去。

2. 難看的情況會持續多久？

即使只是一句簡短的侮辱、怠慢或是不敬的跡象都可能留下長遠的影響。耶魯大學社會學者菲利普・史密斯和同僚一起進行關於粗魯陌生人的研究，發現即使事情只持續幾秒鐘，例如在購物中心被某人撞了一下，或是遇見搶停車位的駕駛還對你嗆聲，對目標的影響可以持續幾週，甚至是幾個月，這些影響有可能是讓人變得更有包容心、更有禮貌，也有可能「變得普遍對其他人更無情」。你或許不會理會那些因為一件突發小事就一直生悶氣、暴跳如雷或作其他反應的人，認為他們只是一群玻璃心的孬種，當做沒事不就好了，但是如果想想最令人忐忑不安的事件，這樣揮之不去的影響就比較有道理。

例如在二〇一六年六月十二日，CNN新聞主播唐．雷蒙（Don Lemon）在直播時談論某個朋友在餐廳裡說了一句帶有種族歧視的評論。雷蒙那一群朋友中，除了他還有另一個是非裔美國人（其他則是白人），他們熱烈討論著幾天前在達拉斯一名狙擊手引起的死傷暴動，那場攻擊造成警方五死七傷，死傷者都是白人，而狙擊手則是非裔美國人。雷蒙說其中一名白人問旁邊另一名非裔美國人：「你身為黑鬼（nigger），作何感想？」其他人一聽到那個N開頭的字就生氣指責，要求他道歉；雷蒙並沒說什麼，卻感覺自己一方面憤怒、一方面又感到好奇，這樣的情緒讓他很意外。

雖然那件事已經經過了幾天，雷蒙在節目上的表現依然無精打采，說那件事還是讓他很困擾，逼得他必須正視種族偏見仍然深植於人心，要假裝種族歧視不存在是多麼天真的想法，就算是看起來最開明、受過教育的人也不例外。

當然，日復一日暴露在充滿種族歧視的評論和侮辱中，比單一事件要嚴重多了；如果在「向錢看混蛋工廠」工作的那名行銷經理只做了一個月就辭職，而不是忍了七年，他所受到的傷害就會少得多。但是唐・雷蒙所說的這起種族歧視事件，或者其他令人不快的突發狀況，讓我們發現原來厭惡情緒的持續時間應該包含事後影響的長度與深度，如果人們一直討論、爭論不休、受其煩擾，或者這件事以其他方式令人無法忘懷，那麼所造成的情緒傷害便不算真正結束。但是，平均而言，從虐待式的職場管理到遭遇霸凌的學童，一切研究都指出，目標被視若糞土的時間越長、頻率越高，所造成的傷害便會越大，也會維持得越久。

3. 你所面對的是偶爾傷人的混蛋還是認證型的混蛋？

在事情不順的時候，我們每個人都有可能偶爾變成混蛋，我們不時會遇到一些狀況，有各式各樣的原因會讓我們把他人視若糞土：太疲累、趕時間、大權在握，或者是實在太想要打敗某個高高在上的混蛋等，還有許多其他因素。正如我在《拒絕混蛋守則》中所寫：「要夠資格成為認證型的混蛋可要困難得多了：這個人必須表現出持續不斷的行為模式，得有一連串事蹟證明，最後要有一個接一個的『目標』，感覺自己被輕視、貶低、羞辱、不尊重、打壓、耗盡氣力，覺得自己什麼都變得更糟。」

如果你面對的人只是偶爾表現像個混蛋，這個人通常待人溫和有禮，那麼你就算要採取什麼行動，也不必太過分；通常最好就什麼都不說，或者乾脆離開現場。或者，如果這是你所認識的人，而且你平常還滿喜歡他，或許可以把他的敵意解讀成是他今天過得很不順，需要一些情感上的支持。

我們都有不順的時候。幾年前，我跟包柏．吉本斯（Bob Gibbons）一起吃午餐，他是麻省理工學院的經濟學家，而我是心理學家，我承認，經濟學的領域中有許多我不喜歡的地方（例如有許多研究都指出，學生越常接觸經濟學，就會變得越自私貪婪）。總之，我那天坐在包柏旁邊的時候心情很差，結果就拿他出氣。我說大部分經濟學家都是自私的混蛋什麼的，那麼說當然對包柏不公平，他又沒對我做什麼，我卻說了這麼惡毒的評論，而他是我所認識無論從哪個研究領域而言都是最和善、最慷慨、最體貼的學者。儘管我的態度惡劣，包柏並沒有生氣，反倒對我露出溫和的微笑，問我是不是晚上照顧小女兒伊芙累壞了？包柏說的沒錯，我確實是因為要照顧生病的小孩一夜無眠而脾氣暴躁。我道歉，不再辱罵包柏。

我那天暫時變成了一個混蛋。

但有件事很有趣。有時候，暫時變成個混蛋可以改善下屬的表現。也就是說，如果一個通常文明有禮、待人有道的人出其不意地噴出一口毒液，他們這麼做可能是一種策略。目標或許會將老闆偶爾迸發的怒火或敵意當成自己應得的負面評價，而這麼做或許可以燃燒他們的鬥志，讓他們更努力。因此，尤其是在競爭激烈的情況下，偶爾當個混蛋去斥責、怒瞪或是無視某個他們通常會待之以和善與敬重的人，或許能夠提升表現。

看看這份有趣的研究。研究員貝瑞．史托（Barry Staw）、凱蒂．迪謝爾斯和彼得．德果伊（Peter Degoey）收集二十三所高中及大學籃球校隊教練中場時間在更衣室的喊話，總共三〇五則，能佐證這種策略性的惡毒行為。這些喊話都被錄音，研究員就能將每次中場喊話的憤怒程度（也就是「不愉快」的程度）和比賽下半場的團隊表現改變連結在一起。他們發現在某程度上，表達出負面情緒的教練**確實**能夠引發更好的表現，但是那些怒髮衝冠的混蛋教練，也就是那些爆發最極端的（例如極度憤怒、會氣到髒話侮辱連發、丟東西的），反而會**拉低**球員表現。

暫時的混蛋和經認證的混蛋之間的差異特別有教育意義。比起那些經常臭著臉的教練，平時待人和善的教練（偶爾）爆發怒氣能夠讓球員表現有更長足進步，因此一天到晚當個完全的混蛋，對於教練這份工作而言並無用處（特別是時時發火的教練），但是偶爾策略性暴怒似乎能達到效果，因為「目標」會認為當下的加害者只是想要激勵他們，要他們更努力、更聰明一點，而且他們不會忽視這股怒氣。然而，認證型混蛋常常對他們叫囂，他們便會把怒火當成普通的責罵。

有了這麼多判斷混蛋的方法，如果你需要多一點時間才能下結論，某人或者某群人值不值得被貼上「認證混蛋」的標籤，就能做出更明智的決定，確認事情有多糟、該怎麼做。例如，某人奉行高標準、要求別人要尊敬他、又不是特別和善討喜，但不會貶低、欺凌或無視他人，這樣的人可能會惹惱一些他們咎責的對象，不公允地被貼上混蛋標籤（至少是背地裡這樣稱呼他們）。不過，作風強硬的人如果又是經常表現出沒必要的蠻橫無理、輕蔑、侮辱，那就應該把他們歸類成認證混蛋。

例如美國海軍上校荷莉．葛拉夫（Holly Graf）自豪她對自己的團隊抱持著「非常高的標準」，而且「如果他們達不到標準就會直說」。二〇一〇年三月，《電訊報》報導因為葛拉夫過去領導的「強悍作風」、「高明的領航風格」，以及堅毅果斷，讓她成為「美國第一位指揮海軍巡洋艦的女性」，但是海軍高層在收到多起直接針對她的投訴之後展開調查，最後結果讓海軍決定解除葛拉夫上校對九千六百噸科本斯號航空母艦（*Cowpens*）的指揮權。

根據《電訊報》的報導，「其中一次最糟糕的事件發生在溫斯頓邱吉爾驅逐艦在葛拉夫上校的指揮下，於伊拉克戰爭前夕離開西西里島的港口……在船隻駛入海浪起伏明顯的水域時，船體忽然震動了一下，葛拉夫上校誤以為船觸礁，而她的反應並非水手們所崇拜的那種冷靜領袖行為，她抓住一名英國皇家海軍軍官。這名軍官後來告訴調查員，葛拉夫上校『逼近我的臉對我大叫「X你個 XX，你 XX 的害我的船觸礁了」』。」

美國海軍的調查發現，葛拉夫在七年間對下屬的行為「殘酷而嚴苛」，水手們在她背後幫她取了不少外號，像是「海巫婆」和「恐怖荷莉」。在受訪的三十六名證人中，有二十九名提供第一手的事件敘述，說葛拉夫如何「貶低、羞辱、公然輕侮，並言語攻擊」下屬。調查員發現葛拉夫上校經常稱她的上級長官「白痴」，還跟某人說：「帶著你該死的自以為是，塞進你屁股裡，別拿出來。」葛拉夫似乎渾然不覺自己是個混蛋，她對「這些指控表示不可置信」，還跟調查員說，「那些人不應該那麼在意她說的話」。

可惜葛拉夫上校只是引發了下屬的恐懼和不信任，而非她所想要鼓勵的勇氣、技術和自信。這個惱人的故事也顯示出，如果認證混蛋誤將沒有必要的殘酷當成必要的強悍，等到他們的眾多罪行攤在陽光底下，真的就是自作孽不可活了。

4. 這是個人的災難還是系統性災難？

一位歐洲的教授告訴我：「我們大學就像是一座混蛋機場，每幾分鐘就有一台降落在這裡。」他說有很大一部分的問題是，校方比較容易把工作機會提供給粗魯傲慢而自私的教職人員，而非比較文明有禮的教授。混蛋就像兔子一樣快速繁殖，心理學家將之稱為相似吸引效應。羅伯特・席爾迪尼（Robert Cialdini）在他的經典之作《影響力：讓人乖乖聽話的說服術》（*Influence: The Psychology of Persuasion*）中敘述，「同類相聚」的證據要多過「異類相吸」。這位腹背受敵的歐洲教授，就跟那個在向錢看混蛋工廠待了七年的行銷經理一樣，就算校方聘用溫文儒雅的教職員，他們很快也會做出跟其他混蛋一樣的行為。

會出現這種「傳染」的問題，是因為情緒的感染力非常強，無論是壞心情、侮辱、無理和破壞，都會像野火燎原。例如，貝勒大學（Baylor University）的艾蜜莉・杭特（Emily Hunter）與德州大學（University of Texas）的麗莎・潘尼（Lisa Penney）針對四百三十八名餐飲業員工（包括上菜的和帶位的服務生、酒保、收銀員和經理），研究他們如何應對難搞顧客（粗魯無禮、說話大聲、提出過分要求等）。餐飲業員工承認他們會以各種方式來回報顧客的無禮，例如在顧客背後取笑他們、說謊隱瞞、讓他們等久一點、忽視他們，還有回嘴與之爭論，都是很常見的報復方式。更有甚者，員工還坦承自己做過更誇張的「負面行為」，包括拒絕合理要求、侮辱顧客、未得到顧客同意就增加小費，還有汙染食物，所以研究者才會將文章的標題取名為〈服務生在我湯裡吐口水！〉。

如果一個地方遭到敵意和不敬之心肆虐，無論躲在何處都不安全，惡意會侵擾許多人，而且朝著不同目標發散。人們若未意識到自己變得就跟其他人一樣刻薄，就是變成策略性的混蛋，也就是說他們會以火力回敬，好保護自己不受身邊的討厭鬼所害。因為持續暴露在混蛋行為之中，程度通常也比較嚴重，比起在一片文明祥和的環境中對付一小撮討厭行為，或是單一個混蛋，系統性的混蛋問題要更危險，也更難處理。

但是要注意，別把一、兩次不好的經驗或是少數討厭鬼誤當成系統性的腐敗，如果欺負你的人裝出一副公司的行事風格向來就是要視你如糞土，你就可能犯下這樣的錯誤，但其實那個人只是背叛公司的混蛋。研究籃球教練暴怒行為的學者之一貝瑞．史托就發現，有時候單一混蛋會「打扮成」組織代表，好合理化他們苛待他人的行為。想想看，航空公司那個傲慢的員工或是本地會計師，他們會拒絕你的要求，聲稱這是「公司政策」，或是一直讓你等好幾個小時或好幾週，告訴你不要再抱怨了，因為他們只是遵守「標準作業流程」，對每個人都是一樣的。但事實是，他們只是假裝成組織代表的混蛋。

或者，對方也可能是每天坐在你隔壁的人，就像有位加州的銷售業務員曾寫信告訴我，她有一位同事聲稱他每天早上要監控她和其他人的確切上班時間，因為他受了上級管理階層的命令。他經常斥責、甚至是辱罵只遲到一、兩分鐘的同事。那名銷售業務員花了一點時間才發現，管理階層根本沒要求他或者其他人做出這種挑剔或不敬的行為，最後她選擇去質問這個混蛋，問他：「你什麼時候指定自己當糾察隊／打卡鐘啦？」

他「完全嚇到了」，支支吾吾的說他只是以「指導者」的身分協助同事。銷售業務員事後敘述：「我立刻回應並逼近他，直接盯著他的眼睛，『我看比較像**撈指的指導**吧，快住手。』」就像這位銷售業務員所發現的，一個人裝成組織代表的時候，他們有時會扭曲、誇大，或甚至違逆真實規範的條文或精神，並且會想要貶低、除掉、惹惱或者無視你，因為他們感到不安、發懶、想頤指氣使，或者是受其他個人怪癖所苦。可是一旦你揭發他們，紙牌屋或許就會隨之頹倒。

最後要注意的是，單一個混蛋、或者只要幾個混蛋，很快就能毀掉一個曾經溫和有禮的團隊或組織，尤其是讓惡霸或者背後捅刀的小人掌權或得勢後，更有可能。我接下來會討論的是，這些混蛋的權力越大（尤其是和他們的目標或折磨的對象相比），要處理他們的問題就越危險、越困難。

5. 你有多少力量能夠控制這個混蛋？

如果一個惡霸是單獨行動、沒有盟友，跟你或其他人比起來也沒多少權力，那麼他所造成的威脅不會很大。就像那名銷售業務員揭穿「拶指指導」後，就是這麼回事，或者也可以看看另一個手無實權的混蛋有何下場。

去年，我到美麗的舊金山巨人隊主場看棒球比賽，比賽快結束的時候，我底下的座位空了幾個位子，位子的主人已經離開了，至少是好一會兒。有個球迷原本坐在比較不好的座位區，就帶著妻子和小女兒挪到這裡。一個巨人隊的「顧客服務」員工注意到了，便過來請他們回到原本的座位，解釋說因為他們並未付前排座位的票價，而座位主人可能會回來，球場的規定也禁止觀眾從票價較低的座位區移動到票價較高的區塊（這是一貫執行的規定）。巨人隊的員工是一位友善的紳士，已經有點年紀，而且我也注意到坐在該區的常客（也就是買了季票的球迷）經常會在比賽中跟他談天說笑。

不幸的是，那名父親聽了這名員工的要求，他的回應是一連串辱罵和髒話。他的妻子整張臉都漲紅了，馬上就抱著女兒離開，那名父親卻又多花了五分多鐘不停抱怨及辱罵巨人隊的員工，最後終於摸摸鼻子走開。在他走上階梯朝著我的座位走過來時，幾個球迷對他喊著「混蛋」和「王八蛋」，他們很討厭他這樣責罵一名深受大家喜愛的員工，那位員工只是做自己該做的工作，而且那名父親也毀了眾人一個美好下午的愉快心情。在他經過我身邊的時候，我看著他，可能有點太認真，他跟我對上眼後大吼：「我才不是混蛋，好嗎？」我沒有回答，其實也沒必要，因為他根本沒什麼權力，而他自己也清楚。大家都反對他：巨人隊的管理團隊、其他球迷，甚至他的妻子也是。

然後還有那種握有實權的人，可能不大，但是確實擁有，而他們會讓他人受挫、頤指氣使，從中得到病態的滿足感。例如，在《內在之火》（*The Fire from Within*）一書中，作者卡洛斯·卡斯塔尼達

（Carlos Castaneda）也是人類學家，他述說自己非常厭惡「可悲的渺小獨裁者」，也就是那種權力有限，卻決意要「迫害他人、製造慘痛」的人。可悲的獨裁者在某個讓人無處可躲的狹窄領域中稱霸，以狹隘、無情而卑鄙的方式統治著受害者。「納粹總管」（Rule Nazi）就是一種常見、特別討厭的人。哥倫比亞大學的海蒂・葛蘭特・哈沃森（Heidi Grant Halvorson）二〇一六年在《哈佛商業評論》（*Harvard Business Review*）網站上寫道：「他們緊抓著那些規矩不放，就像電影《鐵達尼號》中李奧納多・狄卡皮歐緊抓著那面門板一樣，好像他們的生命就靠這個了；而且他們還要確保其他人也都照辦，就算規矩並不合理或者會損害生產率也一樣。」

我想起那個銀行行員只因為我一個小地方寫錯了，就堅持要我重新填寫一張落落長的表格，而不是讓我直接更正簽名就好。或者是史丹佛大學的行政人員居然有膽子制定那麼僵化的規定並付諸實行，搞得我為了十四・一二元美金（約台幣四百三十元）必須以個人名義開支票給史丹佛，只因為我去見一位教職員的候選人，在晚宴上花了太多酒錢（有四個人出席，我們每人各點了一杯菜單上最便宜的酒）。另一個做事比較有彈性的行政人員告訴我，史丹佛為了處理我那張支票大概要花二十五元美金（約台幣七百五十元）的成本。

可悲的獨裁者有個特點，這也包括許多納粹總管，他們在一塊狹隘領域擁有權力，但也伴隨著低尊嚴，他們會悶悶不樂，喃喃抱怨他們不受尊重。混合了權力與低社會位階，攪在一起就相當可怕——這種情況會刺激他們，將挫折感與怨恨發洩在別人身上。南加州大學的納森尼爾・法斯特（Nathanael Fast）和他的同僚做了一項實驗，發現在大學生之間也會引發這種虐待行為。研究者將某些學生標上「工人」的標籤，並告知他們的任務會包括僕役工作，結果其他學生「就會輕視工人的角色，對之毫無欽慕或尊敬」。

其他學生則被賦予「點子製造者」的角色，他們負責進行重要的任務，其他學生就會景仰並尊重這個位置。接著，研究者要求兩組學生給同伴下指令（不是真的有這個同伴，但學生們相信是真的），要同伴跳哪一個「洞」來解任務，就有資格領到五十元美金。「洞」裡的任務有很多種活動，有些毫無貶損之意（例如「跟研究員說一個好笑的笑話」），也有可怕而羞辱的（例如「說五次『我很髒』」、「學狗叫三次」）。

結果呢？階級較低的「工人」會把他們的怨恨發洩在想像中的同伴身上，選擇更為惡毒的任務要他們執行。總之，很少有可悲的獨裁者能夠毀掉你的人生，但是他們經常會運用自己有限的權力讓你日子難過（也讓他們感覺自己比較重要）。

就算你是老闆，也不代表你的權力就比下屬還大。一位退休的矽谷執行長分享自己所學到的一次教訓（過程並不好受），告訴我們社交手腕高明的雙面下屬有多危險。這位執行長做盡一切努力，要雇用「個性直率不囉嗦」的員工，也鼓勵這種作為，讓員工拿著事實和堅定的意見直接向他質疑問題，不必猶豫是否該批評他的結論，並且在他對人太過強硬（或太溫柔）的時候提醒他。執行長強調，只要員工並非自私或發瘋，他不介意讓這類對話變得針鋒相對，他相信只要把事實和相關感想都攤在桌上，問題就會更容易解決，前提是雙方能保

記住，只需要一個糟糕的傢伙就能造成全面爆發的混蛋緊急狀況，就像一個主管寫信給我，說她飽受身體不適所苦，包括經常頭痛、腸胃問題，還有失眠，都是因為她部門的祕書老是對她出言不遜、在她背後放冷箭。不過，你也有可能是那種就算天天身陷混蛋熱區中也無所謂的人，或許是因為你的臉皮比較厚，或者因為最終的大獎實在太重要，你不願讓那些傢伙阻礙你。

我猜想這些防禦策略對於保護我的朋友貝琪・馬吉歐塔（Becky Margiotta）都起了作用，二十幾年前她還只是美國西點軍校的「菜鳥」或稱「新鮮人」，菜鳥在軍校的第一年必須隨時隨地「報到」：行軍時每分鐘要保持一百八十步的輕快速度，見到所有長官都要問好，完成一長串惱人的清掃工作並做到完美，房間要打掃到一塵不染，修習二十小時的學分，強制參加體能訓練，同時還要完成軍校的課程要求，無論何時都不能表現出一絲情緒，不管他們有多常受到老鳥的吼叫、侮罵或羞辱。如果菜鳥真的犯了錯，或者有人以為他們犯了錯（經常發生這種事），某個或好幾個老鳥經常會毫不留情地責備他們。

如果用前面提到的「混蛋評估表」來檢視貝琪第一年當菜鳥時所遭受的磨難，情況似乎很不樂觀。貝琪一整年都要忍受這樣的欺凌行為，那些老鳥日復一日加深對她的虐待，這是系統性的問題，而且她毫無權力可言。但是，貝琪並未讓那些古怪行為傷了她的靈魂，而是專心想著這些折磨她的人多麼有創意、多麼有趣。我在第五章〈保護靈魂的心智控制術〉會討論到更多細節，這種心智「重構」幫助貝琪撐過了西點軍校的第一年並發光發熱。她後來的軍旅生涯十分成功，更曾經擔任特種行動的指揮官。

要有自信，但別太自負

我提醒過各位不要太快就判定某人是混蛋，也警告過於自信會有什麼危險。那個討厭「笑面虎」的執行長對於這樣的錯覺就有很棒的解法，他努力讓自己身邊的人都是能夠信任、會跟他說實話的人（而不是說他想聽的話），直接指出他和這家公司所要面對大大小小的挑戰，也會在他搞砸的時候實話實說。我們可以從華頓商學院教授亞當·格蘭特的暢銷書《給予：華頓商學院最啟發人心的一堂課》（*Give and Take*）學點東西，聰明的話就應該把每個混蛋求生問題當成雙向道，不只要提供協助也接受協助。在那些受苦的目標和目擊者努力想面對混蛋、與之抗衡的時候出一臂之力，你不只是在做善事，更是武裝起自己，能夠抵擋、對抗自身生活中的惡意與無禮。你的盟友通常會覺得有恩必報，因此會幫忙支持你、保護你、為你抗爭，然後你會再從他們身上學到一課，可以幫助你處理往後的混蛋問題。如果你不必自己去犯下所有錯誤會更有效率，也沒那麼痛苦，不管這些錯誤多麼有教育性，有時會有人引用艾莉諾·羅斯福（Eleanor Roosevelt）說過的話：「從別人的錯誤中學習，你沒長命到能夠自己犯下所有錯誤。」

最後，要在輕率魯莽的行動與動彈不得的懷疑兩者之間達到最佳平衡，最好的辦法就藏在搖滾巨星湯姆·佩帝（Tom Petty）的歌曲

《可取之處》（*Saving Grace*）歌詞：「你有自信但未自負。」正如我二○一○年在《哈佛商業評論》網站上所寫的文章，對組織心理學家（也是我追求知識的榜樣）卡爾・維克（Karl Weick）而言，這就是所謂的智慧，有智慧的人「有勇氣同時依循自己的信念與觀點而行動，他們也虛懷若谷，明白自己可能會出錯，必須準備好，一旦出現更好的資訊就會改變自己的信念與行動」。

因此，花點時間想想自己的困境有多糟、該怎麼處理，然後帶著堅毅的決心勇往直前。不過也要繼續留心那些可能透露出計畫失敗的線索，也就是說你的整套計策可能都是錯誤的，必須大幅修改或直接丟棄。這就是湯姆・佩帝和卡爾・維克所說的那種智慧。

重點回顧

▼小心第一印象，驟下判斷是很危險的。要先搞清楚自己到底有沒有受混蛋困擾？

▼目標被視若糞土的時間越長、頻率越高，所造成的傷害便會越大，也會維持得越久。

▼暫時的混蛋和認證型混蛋差很多。偶爾策略性暴怒能達到激勵的效果；作風強硬、又經常表現出沒必要的蠻橫無理、輕蔑、侮辱的人，就應該被歸類成認證型混蛋。

▼混蛋行為會「傳染」！人們若未意識到自己變得就跟其他人一樣刻薄，就是變成策略性的混蛋——他們為了保護自己會開火回敬。

▼權力有限、卻決意要「迫害他人、製造慘痛」的人，混合權力與低社會位階，攪在一起相當可怕。

▼要有勇氣依循自己的信念與觀點而行動，同時明白自己也可能會出錯。

3

乾淨俐落的
脫逃術

我相信放棄有用

美式足球傳奇教頭文斯．朗巴帝（Vince Lombardi）曾說：「贏家從不放棄，放棄的人贏不了。」他錯了。

看看便利商店收銀員蜜絲蒂．薛爾斯基（Misty Shelsky）的案例。威廉．恩斯特（William Ernst）是連鎖超市QC的老闆，總部設在愛荷華州，他發公告說：「預測到接下來會開除哪個員工的人能得到十元現金（約台幣三百元）的獎賞。」薛爾斯基因此就辭職了，她和其他幾個員工在發現公司備忘錄上的這場競賽並非玩笑後都辭職了。她在二〇一一年十月接受《德謨因斯紀事報》（*Des Moines Register*）訪問時說：「這麼做實在很卑鄙，我們看著公告，看看彼此，然後說：『好喔，我們受夠了。』」QC超市的其他員工留了下來，但寫信給管理階層表達強烈抗議。薛爾斯基申請失業津貼的時候，老闆恩斯特質疑她不該求償，因為她是辭職而非遭到解雇。法官蘇珊．艾克曼（Susan Ackerman）則讓薛爾斯基順利拿到津貼，因為恩斯特「創造有敵意的工作環境」，並稱這場競賽「實在太過分、太糟糕」。

逃走可以讓你不受認證型混蛋騷擾，或者遠離一個混蛋當家的地方而感到開心，離開現場也能讓你不必忍受短暫且痛苦的遭遇。有許多研究都顯示，人們在面對或者只是目睹惡意行為時，應對方式通常是離開，事後也會避開案發現場。耶魯社會學家菲利普·史密斯及其同事針對無禮陌生人所進行的研究，發現在他們訪問的五百八十五名受害者中，有超過百分之五十的人都會以某種「退出」方式應對，在遭到推擠或碰撞、吼叫、吐口水、緊跟不放，和其他無禮行為時，會選擇離開或者挪開視線來回應。

以色列海法大學的達娜·亞吉爾（Dana Yagil）指出，「如果顧客有錯」而且視提供服務的員工如糞土，員工可能會請病假然後辭職，因為他們害怕未來會遭受更多虐待。惡毒的老闆和同事也會把員工和顧客都趕跑。班奈特·泰普教授的研究在一個中西部中等城市進行，追蹤七百一十二名員工的情況，發現有濫權主管的人比較可能主動辭去工作。喬治城大學的克莉絲汀．博拉斯和她的同事也發現，若是顧客目睹員工之間的互動「粗魯無禮」，他們就會對該機構感到生氣，給予負面評價並選擇其他地方消費。

但是，人們只是**傾向**逃離混蛋，許多人其實逃不了也不想逃，有些人就是動彈不得。一旦火車、飛機或公車的門關上，你又換不了座位，這一路上就注定得面對身邊的混蛋。或者，你可能是陷入一個爛工作或工作環境：在泰普的研究中，動彈不得的員工（因為很難再找到其他工作，所以他們無法離開濫權的主管）對自己的工作較不滿意，也較為抑鬱，他們的情緒耗竭（emotional exhaustion）會越來越嚴重，工作和家庭間的衝突也越來越多。

能夠認賠殺出的人最後卻沒有離開，通常都有很好的理由。或許傷害還沒大到讓其他選項失去吸引力；有些人受了很大磨難，但是相信他們所做的事情非常重要，而且能夠在其他面向得到滿足感，於是他們咬牙撐過。有些人則是覺得自己有必要留下來，保護那些惡霸最脆弱的目標，他們實際上就是成了「人肉盾牌」，為較弱小的受害者擋下火力並以此為榮。還有些人留下來是因為他們決定要奮戰到底，打敗折磨他們的人。

第四章將會提到減少暴露機會的技巧，第五章會講解保護靈魂的心智控制術，第六章則會說明反擊的方法，對無法或不想離開的人特別有助益。不幸的是，有太多有嚴重混蛋問題的人其實可以也應該離開，卻深陷在自欺欺人之中，他們相信事情其實沒有那麼糟，或者他們其實不如自己以為的坐困愁城，因此害慘自己，也害慘被他們拖下水的人，受了更多不必要的鳥氣，也浪費更多的時間。

混蛋盲目

第二章提到的行銷經理在「向錢看混蛋工廠」中忍受七年，他所訴說的故事相當常見。他花了太久時間才明白自己受了多少苦，知道自己有更好的選擇後，應該乾脆一走了之。

我聽過上百件類似的報告。一位資訊科技類服務的員工寫信跟我說，他很努力想討好一個「繃著怒氣的冷血混蛋」，而且保護自己已經八年了，他的磨難讓我們又發現一個麻煩的關鍵——如果你等得太久，曾經擁有的退出選項可能會消失。他說他的老闆從未辱罵員工或暴怒，而是「在她生氣的時候繃著一張臉，冷冷地不說話，我從來沒有面對過更冰冷的眼神」。這位混蛋老闆的疑心病非常重，總是認為員工的失誤或過錯是故意為之，無論是在「現實面或情緒面」都毫無同理心，在過去八年來從未承認自己錯了，一次也沒有；而且她創造一個第二十二條軍規的環境：如果他主動接下一件專案，她的回應是「惱怒批評」，但要是他不主動，她又會抨擊他毫無作為。他終於在二〇一五年放棄並辭職。那時，這個可憐的傢伙很難找到新工作，因為他拿不到說好話的推薦信，如果他早在前幾年就辭職，可能會拿到好推薦信。他很後悔沒有早點離開，一直在考慮是否要越過她的層級去投訴，對於忍受「她的鳥氣這麼久」感到很羞愧。

無論是他或其他任何人都不應該因為忍受不必要的虐待而感到羞愧，作惡者才應該羞愧。但是這個故事告訴我們很多事情，我將他的症狀稱為「混蛋盲目」，意思是人們不明白或者低估混蛋問題的嚴重性，也就是說他們不知道盡早逃離有多麼重要。

混蛋盲目再加上**習慣化**（habituation）和**錯誤合理化**（deluded justification）這樣的重擊連發簡直火上加油。惡霸、吹牛者，或冷血怪胎，或者是一群這樣的傢伙，就像一股難聞的味道，剛開始你聞到這股臭味可能會覺得討厭、噁心，但是過一陣子你就習慣了，因而不會注意到，或者（如果有注意到）也不會那麼在意。那就是習慣化，而且這似乎讓第二章提到那位向錢看混蛋工廠的經理飽受折磨：每個人都很過分，他很不愉快，他身邊圍繞著太多不幸、持續得太久，讓這討厭的景象變成似乎滿正常的事情，過一段時間之後，他便不會特別放在心上。

但是，尤其是在混蛋問題正嚴重的時候，王八蛋還是繼續用各種不同方式做壞事，就很難完全無視他們。於是人們會用半真半假的事情或謊言欺騙自己（有時候是他人），不讓他們接受事情有多糟的事實、已經持續多久而且還會繼續下去、或者已經造成的損害有多大。

人們會產生這種幻覺有一個很大的原因，學者稱之為「對即將失敗的行動方案承諾升高」，或者「沉沒成本謬誤」；也就是說，你知道情況很糟糕，但是你已經投入太多時間與心力，就像我在《拒絕混蛋守則》一書中說的，你得了「投資太多不能放棄」症候群。這種症候群會助長扭曲的認知和自毀行為，因為「我們一直在合理化，想想所有努力、磨難，還有年復一年投入在某件事上，於是告訴自己和其他人一定有什麼是值得的、重要的，否則我們絕對不會浪費這麼多生命在上頭」。

想想那個向錢看混蛋工廠的經理，還有那個聽命於「繃著怒氣的冷血混蛋」的資訊科技員工，每多一個禮拜、一個月、一年，都會在他們身上造成更大壓力，讓他們必須合理化為什麼要自願繼續留在這麼糟糕的境況裡，也讓他們一直持續待著，並且找出越來越多理由，解釋他們為什麼應該繼續受苦，而非減少損失、辭去他們的爛工作。但是要小心，這樣的升高動能很快就會掌控局面，心理學家和經濟學家所進行的研究都顯示，如果你公開承諾要完成某件事，並且只要為此努力幾分鐘，要放棄某個決策、信念或團體就會變得困難。

我列了一張清單說明助長混蛋盲目的合理化行為，看看我的「人們告訴自己的十個謊言」。這些都是人們經常用來解釋為什麼他們沒有一走了之的理由。有時候，這些理由聽起來滿有道理、也沒有錯，但是更多時候根本是亂講、半真半假，還有自欺欺人的謊言。就像那位寫信給我的保險公司業務員：「我被虐待了六年，我早就該照你的話做，盡早離開，但是人會安逸下來、習慣被苛待，甚至會覺得自己成功做了什麼來對付施虐者。很荒謬，我知道，你說的每一件事我都遭遇過：憂鬱、焦慮，還有單純的不幸。」

你是不是也像這個業務員一樣自欺欺人？或者，底下所列出的「十個謊言」說中了你身邊的某個人，他們正努力為自己無法從糟糕的情況中脫身而辯解（或甚至考慮其可能性）？

人們告訴自己的十個謊言

1. **否認現實：「其實沒那麼糟。」**情況其實糟透了，你是在自欺欺人。
2. **以為有所改善：「其實越來越好了。」**這只是痴人說夢，事情還是跟以前一樣糟，可能更糟。
3. **不切實際的願望：「事情很快就會好轉。」**你就繼續這樣希望吧，畢竟你很樂觀嘛。但是你一直許願、盼望得到更美好的明天，根本不會到來，也沒理由相信有可能到來。
4. **明天永遠不會來：「等我完成這件重要的事情，馬上會為了更好的條件離開。」**然後又會有其他事情、又來另一件事、再來一件。生活就是一團亂，如果你想先等等，為事情打上整齊漂亮的蝴蝶結，然後在最佳時機離開，你可能得等一輩子。
5. **美好的折磨：「我學了好多東西、建立了很棒的網絡，受點苦也值得。」**但是你和身邊的人所受的一切傷害真的值得嗎？難道你不擔心自己也會變成混蛋（或許已經太遲了）？

6. **救世主情結：「只有我能讓事情好轉，沒有其他人能取代我。」**如果真是如此，為什麼事情一開始會這麼糟？有沒有可能你不只是在受苦，而且還無力解決事情？或者你根本在無意中助長了混蛋問題，其他人會更有能力來解決？

7. **我不是膽小鬼：「沒錯，問題很糟，但我很強悍，嚇不倒我的。」**嗯哼，不知道你身邊的人會不會同意喔？

8. **我可以控制開關：「沒錯，問題很糟，但是我很擅長『劃清界限』，所以不會真的影響到我的朋友或家人。」**你的朋友和家人在你背後是怎麼說的？

9. **自以為是的受苦：「沒錯，問題對我而言是很糟，但是對其他人更慘，我沒資格抱怨。」**什麼都有可能繼續惡化，將留在糟糕的情況中當成是殉道，這藉口太糟了。

10. **天涯他處有枯草：「這裡是很糟，但是其他地方可能對我更糟。」**當然，沒有什麼地方是完美的，有些地方可能更糟，但是你真的有考慮過其他選項嗎？這藉口聽起來滿爛的。

再來一則警世故事吧。有一名在美國中西部任職的警官寫信給我，說他以前在部門裡備受尊敬、事業成功，如今卻要忍受屈辱和排擠。早年，他一路從巡警、警長、警司做到代理局長，工作表現評鑑也一向亮眼。然後來了一位新的市執政官，不到六個月就將他降職為警長，然後又再貶為巡警。市執政官對這名警官解釋為何他遭到降職，其他人卻是升職，他說是因為：「沒錯，你能夠做這份工作，但是我想要讓混蛋來做。」這位警官有其他選擇，但是他選擇忍受這些降級處分和羞辱，包括「社交孤立」和「沉默以對」好幾年。後來他終於離開，是因為他休了一年軍事召集假去阿富汗服役（他是美國國民兵成員因此接到徵召），結果市政府幾乎砍了他一半薪水，還取消他所有年資。於是他辭職，並雇用一位律師。

唉，這位警官在他去阿富汗之前的好幾年就知道情況有多糟了，他也有過機會可以加入其他警局，但是他至少犯了我清單上的兩個謊言。他告訴自己事情沒有那麼糟，總是期待事情會好轉，可是他坐困愁城，事情其實也每況越下。這位警官也非常有自信，認為自己在美國海軍陸戰隊和國民兵服役二十多年來已經練得刀槍不入，這在士兵或警察身上會是很令人讚賞的特質，但顯然也是一把雙刃刀，正是「我不是膽小鬼」的因素讓按兵不動成為更合理的選項。

聰明的下台階

捷藍航空（JetBlue）空服員史提芬．史萊特（Steve Slater）的「管這工作去死」故事堪稱經典，史萊特對一名乘客發飆、受夠了他的工作，背後有很充分的理由。根據《衛報》的報導，二〇一〇年八月九日他們的飛機從匹茲堡起飛之前，史萊特就「捲進了兩名女乘客的紛爭當中，她們在爭奪座位上方行李櫃的空間」。過程中，他意外遭到她們的行李箱重擊頭部。飛機降落在紐約後，「其中一位女性因為被迫要託運行李，沒辦法手提上機，結果就很生氣自己沒能馬上拿到行李。」她對他破口大罵，出言侮辱。

史萊特實在受夠了，於是他拿起麥克風咒罵乘客，拿起兩罐啤酒，然後啟動緊急逃生滑梯就滑了下去。史萊特膽大包天的出走事件讓他成為人民英雄，他在脫口秀上受到讚揚，並吸引兩萬多名粉絲追蹤他的臉書。但最後，《衛報》報導他丟了工作，對飛機造成兩萬五千元美金的損害並導致班機延誤。史萊特被控毀損財物，遭判一年緩刑且必須支付捷藍航空一萬美金作為賠償，他對此表達遺憾並說自己「承受不了壓力而崩潰，因為他母親的病已臨末期，父親剛過世，他自己也出現健康問題，包括人類免疫缺乏病毒。」

你的選項以及願意冒多大的險

沒錯，你應該想辦法遠離混蛋，但別做傻事。唉，回想起來，讓史提芬．史萊特出名十五分鐘的這件事或許並不值得。幻想自己戲劇性離開或者報仇雪恨是很好玩，但付諸實行所對你造成的傷害，可能比對施虐者造成的傷害還大。要抗拒這麼做的慾望真的很難，如果感覺自己被人當成垃圾，許多人都會感到一股很強大的渴望，想要以出其不意或造成衝突的方式離開。

安東尼．克婁茲（Anthony Klotz）和馬克．波林諾（Mark Bolino）的研究也做出這樣的結論，他們所進行的研究是我在「不同的辭職方式」中所看到案例最豐富的。克婁茲和波林諾教授發現有15％的辭職是「過河拆橋」或「衝動辭職」（大概有70％的辭職沒有那麼戲劇性或者說是比較有禮貌）。但若是員工覺得自己受到不公待遇、遇到濫權的上司，或者不喜歡同事，特別容易使用這些憤怒又迅速的辭職方式。而且，你應該也能想到，過河拆橋和衝動辭職都會引發主管的負面反應。

結論是，如果你對邪惡組織、老闆和同事心懷怒氣，可能會很想用快速且激烈的手段離職。**但是一定要非常謹慎：**這樣的衝動之所以危險，是因為如果你這麼做，可能也會刺激到某些握有權勢的惡意之人，要你事後付出代價。因此，如果有人撂話說要馬上辭職不幹、不顧後果就走，把橋燒個精光，或兩者皆有（就算沒辦法像史提芬．史萊特那樣精彩到爆紅），我會先問：「你有沒有其他選項？」再來就問：「你願意冒多大的險？」

再舉個例子說明。有位年輕律師已經在一名美國聯邦法官身邊見習一年，她跟我解釋，在跟法學院的恩師深談過之後，她為什麼決定在腐敗的工作環境中再忍受一年。對年輕律師而言，在聯邦法院見習是相當光榮的職位，他們幾乎什麼都要做，從「幫忙捉刀寫判決意見書到幫你的法官倒咖啡、拿傳真」。她在前一年也擔任類似的職位，當時共事的法官是個大好人，同事也很好，但是接下這份新工作，「我一進辦公室就發現兩名同事一有機會就互相叫囂、侮辱（包括我）。」而法官的態度也是主因，他經常一頓一頓的發脾氣，會為了無聊小事就大發雷霆，例如「飲水機的水桶送得晚了或送錯了」。她又說：「我的同事們大概也很憂鬱，可以理解啦，有一個總是怒氣沖沖，一有不高興就會重重敲著桌上的電話。」

但是這名律師決定，認賠殺出、放棄見習會比留下來更糟：她有「鉅額」學生貸款要繳，而且離職就等於是「職涯自殺」，未來的雇主會將她視為瑕疵品。她決定要留在那個化糞池裡，一天要工作十二小時，大多週末也要加班，我知道後，立即的直覺反應是她應該辭職，或許甚至可以上演一齣史提夫．史萊特戲碼；但是我一考慮到她的學貸和辭職後職涯就會受限，不得不尊重並支持她留下來的決定。她就是沒有更好的選項，至少每過一天，她就知道自己的兩年「刑期」快要結束了。相比之下，如果你有比較好的出走選項，有喜歡冒險的傾向，或者以上皆是，辭職會比較合理。另一名律師寫信告訴我，她終於逃離「一份糟糕的工作，簡直要吸乾我的靈魂、讓我悲慘不已」，如今她自立門戶當執業律師，從來沒這麼開心過。而且，雖然我總是勸人要小心在道別時過河拆橋的風險，但聽到她說把自己的辭職信夾在一本《拒絕混蛋守則》中交給那個壓榨人又沒心肝的老闆，我還是覺得很有趣。

　　最後，正如第二章提到的那份籃球教練發火研究，如果大家都知道你的脾氣衝動，那麼狂風掃落葉般離去或許不會讓人感到意外或擔心；但是如果大家認為你是個脾氣溫和又樂觀的人，那麼在激烈反擊後離開，你突如其來的爆發就會被視為一種徵兆，表示問題在**他們**而不是**你**，那麼你或許還能夠把混蛋土霸王拖下水。要記住，這種「神風特攻隊方法」的風險很高，如果選擇這種方法，最好要準備好其他選項，也要有心理準備，你的前同事可能會說你壞話，在背後捅你一刀。

但有時候這方法還是有效，就像一個脾氣溫和的工程師終於「崩潰」，能夠收到效果。他寫信告訴我他的方法：「我不幹了，還要一併搞垮你。」在這位工程師對他的老闆暴怒之前，他很小心記錄下她無窮無盡的虐待（但是先不上報給管理部門），然後在一次氣氛火爆的會議中，他向上層解釋清楚自己辭職的原因，他「讓上層知道他們也有責任，必須為那個混蛋所造成的心理痛苦、人員流動和低迷表現負責」。這次爆發造成意料中的效果：「兩個小時後，她被請了出去，現在這個部門表現良好，真正展現出生產力，而非努力去應付那個瘋子的反應。」

你可以走開就好嗎?

一名史丹佛的研究生跟我說，他的妻小不願意在星期天上教堂，因為他們太害怕會遇到某個自以為是的惡霸家庭，他和家人便改成參加較早的禮拜，那個討厭鬼家庭從來不會參加這個時段；這位研究生的妻小不但不再抗拒、抱怨要上教堂，大家從教堂回來之後，心情也都更好了。神的行事總是如此奧妙。

同樣是和教堂有關的例子。一名紐約市猶太教詩班領唱的妻子在信中告訴我，她的丈夫為一名糟糕的拉比（rabbi）工作，但是這名丈夫想到辦法能夠轉調到另一個猶太教堂，他認識城鎮另一邊某個善良的拉比，如今他變得有多快樂、多健康，就連她和他們的孩子也都一樣。

針對經理人與領導者的研究發現，與其離開目前的雇主，在同個組織中另尋新職位、主管、團隊或部門，或許是最佳的策略。根據蓋洛普公司（Gallup）幾十年來的調查，最近還有一份來自谷歌公司人力資源分析團隊的研究，都證實一句老話：「人要找新老闆，不必找新公司。」無論你工作的公司是哪一種，像谷歌這種經常被《財富》雜誌列為「百大最佳公司」前幾名的，或是像快捷藥方（Express Scripts）、西爾斯（Sears）或全錄公司（Xerox）這類被求職網站玻璃門（Glassdoor）列為二〇一六年十大爛公司的職場，一間公司內最糟糕和最棒的老闆與團隊還是有天壤之別，而身為一名局內人，你或許能夠獲得更準確的資訊，知道惡毒的人和超棒的人分別在哪裡。

因此，像 Salesforce 網路公司這樣聰明的公司組織，便讓員工很容易就能在內部團隊中調動。我在史丹佛大學的同僚赫亞格里瓦・拉歐（Hayagreeva Rao）在二〇一二年訪問 Salesforce 公司的執行長克里斯・弗萊（Chris Fry）和史提夫・葛林（Steve Green），他們解釋公司鼓勵各團隊主動在公司內部招募工程師，獲選能夠離開舊團隊到新團隊任職的工程師也無需舊主管的許可。克里斯和史提夫告訴我們，每年大約有百分之二十的工程師選擇轉調到另一團隊，如果某個主管一直流失組員而又招募不到新人，管理高層就會認為這顯示該名主管對待人員的方式有問題、能力不足，或者以上皆是。後來克里斯和史提夫便離開Salesforce，但是我們在二〇一六年底與目前的執行長確認過，他們說公司仍維持相同的政策，而在Salesforce由四百多個工程師團隊組成的「內部就業市場」讓他們能夠繼續留住人才，若非如此，很多人或許會就此離開。

在其他組織，人們會轉調到不同地方或職位，不讓怒氣沖沖又不講理的顧客荼毒他們。學者娜塔莉・路易－馬汀諾（Nathalie Louit-Martinod）針對法國公車司機的壓力進行研究，她的團隊發現司機要面對擁擠的公車、路上塞滿無禮的駕駛和行人，還有會侮辱、性騷、對他們吐口水的討厭乘客，經常苦不堪言，而且還會因為誤點、開太快或開太慢而遭到斥責。這樣的壓力讓一些司機乾脆辭職不幹，但有許多人留了下來，一部分是因為上級讓他們有鬆口氣的機會，例如將他們調到人數較少的路線、調到公認乘客比較有禮貌的路線。有一間公司同時經營公車與路面電車，大多數公車司機一有機會就會轉調為電車司機，因為電車在前端有獨立的駕駛車廂，減少與乘客接觸的機會，而且一般也認為這份工作地位更高、更有名望。

短暫而可怕的會面

有時候你必須和無禮、惡毒又不尊重你的人短暫見面，這人真的讓你打從心底不喜歡、總是被惹惱。最好的辦法還是就乾脆的遠離他們。

一位產品經理寫信告訴我，如果他必須跟讓他抓狂的同事或客戶開會，會擔心自己做出或說出什麼事後讓自己後悔的事情，他會乾脆站起來說：「不好意思，我得打個電話給我八十五歲的老母親。」這理由實在太好又太充分，沒有人會抗議，而且他母親也總是很開心能接到他的電話。或者你可以問問自己，你還得多待一陣子的這場電影、戲劇、派對，或甚至是婚禮，如果讓你感覺腹背受敵，身邊盡是難以忍受又好辯的傢伙，在你一抓住機會能夠在不算失了禮貌的情況下離開，你就應該走人。

在學校裡，我們都被教導在還沒下課之前要留在位子上，讓教師能夠維持秩序，打造出較有規矩的教室，但是這些要我們守秩序的教導很可能在往後的人生中傷害我們。就好像你在劇院或旅館中尋找逃生出口，時時留意不失社交禮數的脫逃選項才是明智之舉。例如，我在舊金山這一帶使用 Lyft 和優步（Uber）的服務已經好幾年了，雖然大部分駕駛都很好，但我還是發現自己偶爾會遇到對政治大放厥詞、問我有冒犯性隱私問題的人，或者最近還遇到一個逼我買他兼職販售的電子設備。只要處在安全的地方，附近地點又有很多其他駕駛，我就會要求提早下車再招一輛新的；這麼一來，我的旅程要多花幾分鐘也要多花一點錢，但是我會覺得好多了。

酸民及其他網路混蛋：不理他、刪除他、封鎖他

一九六〇、七〇年代，一群來自不同實驗室的書呆子們集合在一起，創造出 ARPANET 網路（網際網路的前身），他們大概想像不到

自己的發明竟會引發一場全球性的瘟疫——「網路霸凌」（cyberbullying），這種令人痛苦而荒謬的網路騷擾有各種形式，包括叫罵、性騷擾、跟蹤，甚至威脅到人身安全。確實，現在對名人而言，接受這樣一連串惡意攻訐已是家常便飯，就算是最完美、最單純的明星都會遭遇曲解，那些沒有安全感、懷抱怨恨、通常匿名的酸民會群起攻之。二〇一六年奧運期間就發生了這樣的事。五度奪金的體操選手蓋比．道格拉斯（Gabby Douglas）就被貼上「暴躁蓋比」（#CrabbyGabby）的標籤，上千人在社群媒體上攻擊她，她為此非常傷心，覺得自己必須為了無心、無關緊要的小小過失道歉。而且我認為那根本是不存在的過錯。

蓋比的母親娜塔莉．霍金斯（Natalie Hawkins）接受路透社的訪問，回想起自己女兒所謂的罪過：「她得面對他人批評她的頭髮，或者有人罵她把皮膚漂白；他們說她去隆乳，說她笑得不夠、不愛國。」

即使是沒那麼有名的人，只要能夠吸引大眾的注意都會引來酸民。劍橋大學歷史學家瑪麗・比爾德（Mary Beard）就是其中一個最有吸引力、最活躍的目標，尤其是那些性別歧視的混蛋。比爾德最有名的就是她描寫羅馬帝國的熱門書籍，還有她對重要議題會勇敢發聲，包括「自古以來，男性便以許多方法讓勇敢發生的女性噤聲」，她在許多影片、電視及社群媒體上談論這些話題。根據二〇一六年《紐約客》的報導，比爾德學到的教訓是，如果女人「膽敢涉足傳統上屬於男性的領域」便會引來網路霸凌，她發現諸如「閉嘴妳這賤人」這樣的辱罵是家常便飯，人身安全的威脅更是非常常見，例如某個怪胎就曾對比爾德發出一則病態推文：「我要砍下妳的頭強姦它。」

有許多大量證據都能說明網路騷擾已經失控了，二〇一四年皮尤研究中心（Pew Research Center）對三千多名美國成年人進行調查，發現其中有73％都曾目睹其他人在網路上遭受騷擾，有40％親身體驗過；例如，這些網路使用者中有27％回報曾經遭人辱罵，有7％回報曾長時間遭到騷擾。皮尤發現，十八歲至二十四歲的年輕人特別容易遭遇騷擾，這並不令人意外，因為年輕人最常使用社群媒體。研究總

禮節的拘束而阻止、阻礙他們的怒火。例如，海法大學的行為科學家諾姆・拉皮多－樂夫勒（Noam Lapidot-Lefler）與亞齊・巴拉克（Azy Barak）將大學生分成兩兩一組，要他們透過簡訊進行辯論，研究者檢視各種會影響學生對待彼此態度優劣的因素，包括學生（他們互不認識）是否在辯論開始前曾花時間認識彼此。他們主要的發現是，如果學生在辯論期間維持眼神交會，那麼就比較不會做出有威脅性或其他有敵意的評論，無論這一組事前有沒有花時間互相認識。

該怎麼應付網路混蛋呢？首先，就像對付那些與你面對面交手的混蛋一樣，最好的解決方案大多都是乾脆離開氣氛糟糕的場合，而非留下來把他們的臭屎扔回去。如果攻擊你的人是認證型混蛋，可以的話就終止你們的往來關係，就像《紐約客》中那篇關於瑪麗・比爾德的報導所說：「甚至有一個推特帳號叫做 @AvoidComments，其任務就是監控評論：『你在現實生活中不會聽一個叫做 Bonerman26 的傢伙說了什麼。不要讀那些評論。』」馬里蘭大學的派翠西亞・瓦勒斯（Patricia Wallace）是網路霸凌的專家，她告訴《華爾街日報》的伊莉莎白·伯恩斯坦，她對受害者的建議是「刪好友、退追蹤、刪連結」。

皮尤研究中心的調查也證實不理會混蛋、終止關係是很有效的方法：受調者中有60%選擇忽略最近的霸凌經驗，而且大部分（超過80%）都說這方法有效。就跟派翠西亞·瓦勒斯的建議差不多，皮尤的調查發現，其他有效的脫身策略包括刪好友或是封鎖騷擾者、換帳號、刪除你的線上個人檔案、退出網路互動，或者乾脆就別再回到那個令你不安的網路空間。

說是這麼說，雖然直接反抗網路酸民和惡霸的惡劣行徑比忽略或刪好友冒險，但有時候還是管用的。皮尤訪問的受害者中，有超過20%都曾經反抗加害者，大多也都回報說這麼做能夠改善狀況。而歷史學家瑪麗·比爾德在一些對抗網路混蛋的團體中更成為某種另類英雄，《紐約客》那篇報導她的故事標題便是〈酸民終結者〉。比爾德經歷過許多戰役，其中一場的開端是電視評論家阿爾·吉爾（A. A. Gill）寫一篇文章，抨擊她在BBC節目上的外表，其中羞辱的言詞包括「從後面看是十六歲，正面看變六十歲。髮型簡直一場災難，那身衣服看了就讓人難堪」，還訓斥比爾德「應該完全遠離攝影機鏡頭」。

比爾德反擊了，責備吉爾的教育程度不足並且論道：「綜觀西方歷史，總會有像吉爾這樣的男人畏懼勇於說出心中所想的聰明女人，我想我身為劍橋大學古典學科的教授，大概就是這樣的人吧。」比爾德贏了這一役。但是正如我們所見，而且我在第六章〈反擊〉也會說明更多細節，要和混蛋公開宣戰，不管是在線上或線下都充滿風險，在出擊之前，最好要考慮自己的相對權力和脫逃選項。

開除客戶

幾年前，一位任職於服務業的苦惱主管寫信給我：

> 我們的客戶都是混蛋，我困在他們身邊，因為基本上我們的帳單

要靠他們付錢。這些混蛋傢伙（都是《財富》雜誌前五十大公司，我一見到他們就噁心得要命）會吸乾我們員工的生命力，讓我們很難營造出可永續經營、可育成文化的環境。我該如何減緩這場屠殺？

我跟他通了幾次電子郵件，最後到他的公司為那些顧問演講關於混蛋的主題。無論是哪一行，只要是服務業，總是會有些顧客和客戶讓人難以忍受、特別難搞，而且我在稍後的章節中也會提到，要成為厲害的顧問、教師、咖啡師或其他服務業員工，有一部分的能力就是要處理混蛋的問題，能夠安撫他們、維護自己的尊嚴和理智，**還要**能夠讓錢持續滾進口袋。但是在我跟這家公司的主管聊過之後，我發現他們就算想，也很難開除行徑最惡霸的客戶。這讓我很意外，因為我跟許多其他行業的人聊天、訪談過，無論是精神科醫師、牧師、酒保、美髮師、電影導演、律師、諮商師、社工、創業投資家、執行長等，他們都表示自己會非常努力避開服務混蛋客戶和顧客，如果他們遇到一個，通常會想辦法開除這樣的混蛋，或者有時候他們會故意讓混蛋開除自己。

二〇一一年我作客奧克蘭的時候，聽了紐西蘭航空執行長羅布·費夫（Rob Fyfe）的演講，他在二〇〇五至二〇一二年間領導紐西蘭航空，許多人都將這家航空公司的起死回生歸功於他。這家公司過去相當惡名昭彰，不僅苛待員工，也對顧客不屑一顧。費夫描述一起事件，一名要求很多（又有錢）的顧客對著他的員工大聲咆哮、出言辱罵，他知道這件事之後便寫信給這位怒氣衝天的顧客，通知他紐西蘭航空以後都不可能再賣票給他了。費夫將這封信的副本貼在公司內部網站上，信上寫了黑名單乘客的名字，讓所有員工都能看見。雖然後來費夫離開，紐西蘭航空仍然會開除持續騷擾並極度不尊重公司員工（或其他乘客）的乘客。這家公司在其他許多事情上的表現也相當傑出，二〇一六年，航空評等網站（Airlineratings.com）已是連續第三年將紐西蘭航空選為全球最佳航空公司。

我從像是羅布·費夫這樣的聰明人身上所學到的是，有時候最好捨棄那些態度無禮、令人難以忍受的客戶，這些人會找上我，邀請我去演講或者進行諮詢，其實也只是在製造條件，讓他們在我無法達成他們荒謬的要求時開除我。讓我跟你說個例子：曾經有一名顧問出資邀請我去向加州酒廠的經理人們演講，我為這場演講計畫良久也非常期待，因為我很喜歡酒，也喜歡釀酒人，而且我的演講報酬並不是錢，而是由十幾位傑出的釀酒人提供的酒。結果演講兩天前，顧問打電話給我。

這名顧問要求我捨棄原先計畫的講題，改成談論加州即將通過的一項立法，法條將會影響製酒業。我解釋說我對該項立法一無所知，而且如果我不懂裝懂，一定會搞砸，那麼這些經理人在這場演講中什麼也學不到。她仍然想說服我、不停遊說、不停遊說，堅持說只要我花一、兩天研讀法條，就會想到要怎麼在三小時中帶領討論。儘管我非常期待見到這些釀酒人還有他們的酒，還是相當直白且倨傲的告訴她我不能改變講題，她這麼做是想讓我們兩人都失敗。她不再需要我去演講了，我的感受也是一樣。或許我的態度應該更友善一點，但是分道揚鑣是正確的選擇。

然而，最後還是要面對現實，金錢考量有可能、也應該會影響到哪些客戶是你可以開除的？哪些是你該容忍的？我喜歡柏克萊一名進口酒商告訴我的經驗法則：「在我這一行，有條法則說一個顧客要不是混蛋，就是晚點會付錢的人，不會兩者皆是。根據這條法則排除掉某些顧客後，壓力真的明顯減輕許多。」

提早預見，繞道而行

最好一開始就避免著了混蛋的道，而非之後才要想辦法逃離（或者更糟的是受困其中無法脫身）。當然，很難預測自己是否會落入混蛋的手中，比方說，或許你會先做功課，在旅遊評論網（Tripadvisor.com）上找一間友善的旅館或餐廳，或是先研究玻璃門網站或《財富》的「百大最佳公司」名單，選一家文明有禮又有關懷心的公司；但是即使如此，你還是有可能遇到某個經認證的混蛋，或者是一大群。有時候事情一開始很好，然後來了某個無禮、自私或壞心腸的傢伙，毒就這麼蔓延開來，你的世界就成了一灘汙水。有的時候，曾經待人和善又支持你的主管或同事因為某些原因而變得惡毒，可能是傲慢和無感（事業成功就有可能如此），也可能是害怕和因為遭到責怪而讓情況惡化，或者只是因為失敗或醜聞而造成。

雖說如此，你還是能夠讓自己免除許多痛苦，只要先花點心力搜尋「前方有混蛋」的跡象，然後再決定你要去哪裡吃飯？住在哪裡？去哪間教堂？參加哪間高爾夫俱樂部或足球俱樂部？在哪裡工作？或者該不該接下那位新客戶？看看「混蛋偵測祕訣」，重點在辨識出警告的跡象，幫助你發現並避免與混蛋接觸。我特別想推薦二〇一三年華頓商學院的亞當・葛蘭特在《赫芬頓郵報》所說「有利社會的八卦」，我有許多祕訣都告訴你要從可靠而關心你的盟友口中打探八卦。我說的不是那種惡毒、充滿仇恨或不實的謠言，而是針對壞人與壞地方有充分理由的擔憂，可以讓你和其他人不受貶低與傷害。

葛蘭特教授舉了幾個例子說明他如何利用這類有利社會的八卦，我相信他也得到很好的迴響。有一次他警告「某學生在面對某指導教授的時候舉止要小心，該名教授曾經有剝削學生的紀錄」；或是他八卦起某人「善變的歷史」，因為有位同僚在考慮要和某人一起創業。葛蘭特喜歡說人家的好話，但是他認為說別人負面而且是證據充分的八卦通常也合情合理：「我覺得自己有一份社會責任，說話必須坦率，如果我沒有警告人們在他們當中有個很懂操縱人心、一個馬基維利式的掠奪者，那麼我等於讓他們暴露在受攻擊的危險當中。」

混蛋偵測祕訣

提早預見，避開混蛋

1. **網路搜尋是一定要的**。查看不同的評價與評等網站，不過要小心，就算是玻璃門網站上列出的十大糟糕職場或者《財富》的「百大最佳公司」，也不見得會符合你跟某個部門、團體、個人或客戶相處的經驗。

2. **可靠的八卦是黃金。**你是否認識什麼人現在或者曾經和他們共事？他們可以告訴你什麼有關這些人和這個地方的大略狀況？他們對你即將接下的這份工作和要相處的這些人有什麼內幕消息？

3. **曾經的受害者或敵人？**尋找那些離開的人，尤其是因為不開心或者被開除的人。如果他們曾經與你考慮中的那個團體或那個人共事，這些資訊就特別值得參考。

4. **暴露在其他混蛋之下？**他們是否曾經與已知的混蛋共事或者受其訓練過？那可是警告意味濃厚的紅旗，混蛋會吸引混蛋，還會生出更多混蛋。

5. **糟糕的第一印象？**在你跟他們透過電子郵件或簡訊溝通，或是剛開始電話連絡的時候，是否有感覺到對方可能是混蛋？

6. **糟糕的第二印象？**在初期幾次見面或面談中，他們如何對待你？是否讓你覺得受到尊重？他們在乎你的想法嗎？或者他們已經表現出有敵意、無禮或要求過多的跡象？事情只會越來越糟。

7. **明褒暗貶？**仔細聽下屬和同僚談論掌權之人的方式。畢竟如果他們還不認識你，不太可能會在你面前嚴詞批評他們的老闆或同事。他們是否措辭適當……卻不帶一絲溫暖或感情？在你問起領導者或其他有力人士的時候，他們是不是很快轉換話題？只要是缺乏全心投入的熱情都是紅旗。

8. **有優越感情結的跡象嗎？**注意聽有權力的人如何談論其他人，其他人是否都是混蛋、白痴、叛徒或失敗者？他們是不是好像會說所有其他人的壞話、覺得其他人都不夠好，除了那些拍他們馬屁的人？

9. **他們如何對待彼此？**權力較大的人如何對待權力較小的人？注意同僚之間的互動，是不是像在演《蒼蠅王》（*Lord of the Flies*）？注意攻擊性強的嘲諷、無禮的打斷插話、痛苦的表情以及陰鬱的沉默。

10. **訊息只有傳出而沒有接收？**我的史丹佛同事赫亞格里瓦．拉歐提出兩個診斷性問題，幫助你判斷這個人是否太自我中心：

- 這個有可能成為你的主管、同事或客戶的人主導多少談話時間？他們是否讓你或其他人有說話的機會？
- 他們問問題的時間相較於他們回答的時間比例是多少？如果他們從不問問題，只是大喊著下令、炫耀他們的知識，對其他人說的話都沒什麼興趣，這跡象可不樂觀。

11. **試試水溫？**你可不可以先從小規模的參與開始，不必一開始就賭大的？先幫客戶做一項小專案或者也許從實習或試用期開始？這樣的話你就可以在決定長期任職之前，知道那裡是不是有混蛋問題。

我有個親戚對於應付和躲避要求太多、有時候甚至有點瘋癲的混蛋，已經有超過二十五年的經驗，大多就是仰賴這些「混蛋偵測祕訣」。她的工作是自由接案的形式，內容是為有錢的客戶整頓價值百萬美元的複雜計畫，許多客戶都是億萬富翁（抱歉，我最好避談細節以維護家庭和諧）。她做這份工作已經很長一段時間，賺了不少錢，眾人皆知她能夠準時在預算內完成工作、能夠達到特定的標準，並且能夠應付客戶的怪癖、情緒、不耐煩和對完美的堅持（就算他們不願意付出太高的價格）。

她的客戶大部分都很棒也「真的很有趣」，但是也有幾種人是她說什麼也會全力避開的。她曾經付出慘痛代價才學會了，有些最自私殘忍的客戶身邊盡是逢迎拍馬的有求者，而這些人將她視若糞土，而其中最糟糕的人更誇張——他們會要求像她這樣的專案經理遵守根本不可能達成的時間表和預算，然後在計畫出現失誤的時候大發雷霆、嚴詞批評，即使專案經理已經警告過他們不可能達成目標（而客戶還是不顧專家的建議，堅持要繼續進行），並從中獲得變態的快感。

她已經明白，最好和太過殘酷或瘋狂的客戶各走各的路，她也學到如何辨認出為哪些人工作會是惡夢一場，以前她的雷達還沒那麼靈敏，如今她退出（和遭到開除）的機會就少多了。她在同意和潛在客戶見面之前，更別提是在為之工作前，都會先跟同行的其他人打聽——要想避開已知的混蛋，如此交流可靠的八卦消息非常重要。在她與潛在客戶見面時，會注意對方是否有什麼跡象，透露出他們會苛待其他專案經理、助理、維修技工、建築工人，或其他領他們薪水的人，不管潛在客戶對她或許有多麼溫暖、討好，她已經學到發現以上徵兆就是紅旗，必須止步。

就在最近，她和一位億萬富翁見面討論一項可能的計畫，然後「注意到某個特別的動作」。他「對低薪員工的態度雖輕蔑倒也不致暴虐，這類員工沒有太專業的技能，對他很忠心並勤勉認真」，但是那些技能比較專業的人，也就是薪水較高的（像是我的親戚），就會成為「經常受虐的對象，飽受終止合約或是被低薪員工取代的威脅」。這名億萬富翁仍然一直勸誘我的親戚為他工作，跟他一起吃頓晚飯好討論未來的工作計畫，但是她「總是禮貌性拒絕」，因為她知道一旦他們開始合作，他總有一天會像對待其他受害者那樣對待她。

同樣的道理，在你面試新工作的時候，別只是注意自己受到什麼樣的待遇，一定也要觀察未來可能成為你上司和同事的人如何對待其他人。有個人去面試一份製造經理的工作，後來他寫信給我說他很擔心，因為他未來的主管在另一家公司待了好幾年，那家公司以出產無能的混蛋而出名，所以在面試過程中，這位面試者便決定要「看看他是如何與一般工廠裡的還有那些直接效力於他的員工互動，看看他怎麼跟他們說話，還有他的言語及眼神動作」。面試者發現工廠裡的人在這名主管提到他們的時候都站得遠遠的，而且「他從不微笑，也沒有人對他微笑」。面試者跟這位主管的互動甚至更糟糕：「我在說話的時候他打斷我**兩次**，好像我根本沒在講話一樣，還有一次我在聊我的背景時他更沒禮貌，居然連**假裝**在聽我講話都沒有。」他得到了這份工作機會但還是拒絕了，他在信中說是因為「我相信我的心，我最後會落得為混蛋工作。」

做什麼 vs. 怎麼做

從混蛋身邊逃開，或者更好的做法是偵測出混蛋的存在並拒絕與之牽連，你就能讓自己、你的朋友還有同事避免許多傷心之事。我很喜歡那些「管這工作去死」的故事，就像那位採取「神風特攻隊方法」的工程師，辭去工作的同時還要拉著主管一起下水，這則故事說明策略性的表達出自己的不滿，在特殊場合中能夠發揮功效。當然，有些混蛋實在可惡又不思悔改，別人說他們的壞話、留下不好的印象、對之提告，都是他們應得的。

就以美國服飾（American Apparel）前執行長達夫·查尼（Dov Charney）為例。根據《洛杉磯時報》（*Los Angeles Times*）在二〇一五年六月的一則報導，從法院文件看來，查尼遭控的糟糕行為包括稱呼一名會計員工「菲律賓肥豬……把臉埋進飼料槽裡」，試圖用雙手「掐住員工的脖子並往他臉上抹土」，還有在公司設備上「儲存他自己與模特兒發生性關係的影片」。查尼遭到指控的劣行並非新鮮事，早在二〇〇八年《洛杉磯時報》就已經報導過控告查尼的案件，指控他稱呼員工為「賤貨」和「蕩婦」，還邀一名女員工「在他面前自慰」。美國服飾的律師團聲稱他的行為讓公司「損失了將近一千萬美金的訴訟費用」。查尼否認一切指控，但是在他控告前公司誹謗的時候，美國高等法院法官泰瑞・葛林（Terry Green）駁回他的告訴，而且根據二〇一五年十月《訴訟日報》（*Litigation Daily*）報導，法官還將他罵了回去，說查尼想贏這場官司：「你知道嗎，我想我成為美國第一個登陸火星的太空人還比較有可能咧。」葛林法官還說，查尼遭控的劣行「實在誇張過頭了，連頭在哪裡都看不見」。

但是有更多時候，如果你能夠以冷靜、體貼而慎重的方式離開，讓人人都能不失顏面，你和那些被你拋在後頭的人（就連那些你討厭的混蛋）都會過得更好。因此，當你辭去一份工作或是捨棄一名客戶，試著提早通知他們，如果可以的話就把工作完成，順利交接出去，這樣其他人才不會措手不及，那樣一來，你就不會過了河卻拆了稍後可能用得到的橋。同時，正面對決或是誹議你所拋棄的混蛋也很危險，畢竟他們都是混蛋，很可能會心懷報復，他們不只會將怒氣發在你身上，或許是在背後捅你一刀或者為你做負面背書，還可能會報復在你帶不走的朋友與盟友身上。

因此，《富比士》雜誌作家蘇珊・亞當斯（Susan Adams）便建議，就算你要辭去工作或是離開討厭的主管，將你的離別訊息寫得簡短貼心會比較安全，而且如果你的主管或人資問你為什麼要離職，就算你打算用最平靜、最符合平衡報導的方式來解釋「混蛋問題」，注意那些自戀而馬基維利式的人臉皮都很薄，他們很可能會抨擊、責怪、試圖搞垮所有不願逢迎奉承他們的人，所以你最好還是說些樂觀的話，說得簡短而模糊，總之走為上策。

結果是這樣的。在你採取可能會冒犯、傷害或威脅到其他人的行動時，不管那些受害者是混蛋或者勞苦功高的同事，「**你做什麼和怎麼做，兩者之間可是天差地遠**」。這句話總是會讓我想起我的朋友麥可．迪爾靈（Michael Dearing），他是個務實的生意人，很喜歡的一句話是「資本主義是一口會自行清潔的鍋子」。麥可曾經辭去的工作包括迪士尼和 eBay 拍賣網站，也曾開除過在這些和其他公司擔任重要職位的人，這些日子以來他身為創投資本家，協助一百多家公司創業，也解除不少執行長的職務，拔掉許多垂暮公司的維生插頭。事實上，麥可跟幾位同僚和我在史丹佛教書了好幾年，最後他也離開了我們！

但是，幾乎每一個麥可辭職離開（包括我）、開除，或者停止投資的人都相當愛戴他，這是因為他離開的**方式**。無論是他離別之時或之後，他都相當敬重他人，在情感上也給予支持。麥可無論是與超棒的同僚共事（大概95％）或者偶爾遇到混蛋（頂多5％），他告訴我他在計畫自己「如何」行動的時候，「總是會把他人的觀點放在心裡」，即使是要與混蛋分開，他也努力「以尊重和同理之心來傳達事實」。

當然，麥可這一路走來還是樹立了幾個敵人，而且回首時，他也不知道自己是否還不夠溫暖、不夠體貼——這就是麥可的為人：他總是先責怪自己，而非旁人，就算很可能是別人的錯也是如此。先不要給別人貼上混蛋標籤，而先給自己貼上混蛋標籤。他知道這件事有多麼重要。

重點回顧

- ▼幻想自己戲劇性離開或者報仇雪恨是很好玩，但付諸實行所對你造成的傷害，可能比對施虐者造成的傷害還大。
- ▼應付網路混蛋的首要方法就是離開氣氛糟糕的場合，刪好友、退追蹤、刪連結。
- ▼如果能夠以冷靜、體貼而慎重的方式離開，讓人人都能不失顏面，你和那些被你拋在後頭的人（就連那些你討厭的混蛋）都會過得更好。

4

躲避混蛋的技巧

「別跟瘋狂打交道。」

我向凱蒂請教在混蛋面前有什麼最佳的求生方法，她是這麼說的。多倫多大學的凱蒂・迪謝爾斯博士是專門研究濫權之人與醜惡衝突的大師，包括在第二章討論到的籃球教練暴怒研究、監獄警衛和囚犯之間所展現出的殘忍言行（包括冷漠與關心）、空中暴怒的事件，還有「飛行前的爭端」，也就是乘客在登機門對航空公司員工出言辱罵。

凱蒂的警告對任何遭受混蛋困擾、折磨或傷害的人來說是個很好的起點。我們每個人偶爾都會受困於（或者決定要忍受）與混蛋碰面、建立關係，我們的目標只是希望能夠儘量撐過這件討厭的事。用凱蒂的話來說，如果你無法或者不想避免完全不跟瘋狂打交道，這一章就是要討論如何限制你所面對和感受到的施虐頻率、時間長短和強度。

我把重點放在減少暴露程度，因為混蛋跟病患很像，他們染一種危險而高傳染性的疾病。我們人類會從別人身上「感染」許多思想、情緒和行為舉止（即使我們並不想要），遭受「感染」會改變我們（通常會變差），我們也會將負面細菌傳染給別人（即使我們不是故意的）。我在寫《拒絕混蛋守則》的時候已經看到許多有力證據，說明負面情緒和行為具有傳染性，而現在更是鐵證如山。二〇一三年加拿大曼尼托巴大學（University of Manitoba）的珊蒂・賀許寇維斯（M. Sandy Hershcovis）進行一項職場欺凌的研究，報告中引述數份新研究，證實濫權的主管、同儕和顧客，還有充滿敵意與不公的職場會影響員工，結果讓他們也將他人視若糞土。

貶低和不敬的行為也會滲透到無辜旁觀者中：受虐的員工經常也會苛待家庭成員，而不只是同僚與顧客，糟糕的感覺也會在教室中蔓延。英屬哥倫比亞大學的研究發現，小學教師和學生之間有「壓力傳染」的現象，飽受「油盡燈枯」所苦的教師，或說是感到情感疲累，學生的皮質醇指數也會偏高，這種荷爾蒙與學習和心理健康問題有關。二〇一五年佛羅里達大學的崔佛・福克（Trevor Foulk）及其同僚

間；他的同事更開心，因為在他搬到新辦公室後，他們現在鮮少見到或聽到他了。

這則故事相當有啟發性，因為這表示在面對混蛋問題時，增加溝通障礙反而是明智之舉，而物理上的距離便是最有保護力的障礙之一。你或許會很驚訝，只要在你和施虐者之間多加幾呎的距離就能讓你鬆了很大一口氣。

在一九七〇年代，麻省理工學院的教授湯姆・艾倫（Tom Allen）表示，人們彼此坐得越近，就越常溝通，不只是面對面的溝通，還有透過各種媒體，包括電話。後續針對「艾倫曲線」或稱之為「親近法則」的研究都證實，跟同事座位距離六呎遠的人比起距離六十呎遠，頻繁溝通的可能性就高四倍。公司裡的員工很少跟不同樓層或不同大樓的同事來往；事實上，只要人們相隔約一百五十呎，溝通頻率就會降到極低，這些同事簡直就像是處在不同的城市或國家一般。你或許會覺得網路的興起應該會終止這種「眼不見心不煩」效應，但是許多學者的研究，包括卡內基梅隆大學（Carneige Mellon University）的大衛・奎克哈特教授（David Krackhardt）和社會測量解決方案公司（Sociometric Solutions）執行長班・瓦伯（Ben Waber）發現，在同一樓層工作的同事，尤其是坐得很近的，還是比較有可能在日常有各種來往，包括透過電子郵件、簡訊和社群媒體。

艾倫曲線對於處理混蛋的問題有直接的實質意義。如果你可以把土霸王送到另一棟大樓，或甚至只要送到距離二、三十呎外的地方，就能減輕困擾以及受感染的風險。這項研究也表明，那些大學行政人員誘使那位惡名昭彰的教授搬到校園另一頭，就像把他送到另一個國家一樣有效。如果你不能送走你的同事，試試看挪動自己，雖說可以換到其他樓層或者大樓是最好的，但只要能在你和那個有毒之人多加一點物理距離就已經很有幫助。

「勞動力科學家」麥克・豪斯曼博士（Michael Housman）及其同事研究在不同類型的員工坐在彼此附近時會產生的「溢出效應」，他們花兩年時間追蹤一家大型科技公司內兩千名員工，二〇一六年豪斯曼跟《快公司》雜誌（*Fast Company*）說他們發現一種「毒素強度」

效應：這個效應跟發現無禮行為會像常見感冒那樣傳染的研究相當類似，他們發現坐在一個有害的混蛋附近，會大幅提升員工受感染的風險。豪斯曼解釋道：「如果你在研究目標員工半徑二十五呎範圍內加進一個有毒員工，該名目標員工自己也成為有毒員工的機率多出一倍（增加了百分之一一二．五）。」豪斯曼甚至還發現，如果跟一群具有傳染性的混蛋坐在一起會害你遭到開除：「如果該名員工坐在有毒員工強度較高的區域，會因有毒行為而遭到開除的機率高出了百分之一百五十。」

這套「距離防守」策略也適用於坐在公共場所和會議中。如果你在電影院裡、飛機上或公車上坐在一個無禮或喝醉酒的混蛋旁邊，盡量想辦法遠離他們以及他們惡意的作弄，而且在你和已知的混蛋之間多加點距離也有助於你撐過社交聚會、政治募款餐會、志工集會、職場，或是其他需要你出席會議的場合。

去年我遇見一位一頭亂髮、個性討喜的工程師，他很自豪他在蘋果電腦撐過艱苦的十五年，他成功的一個祕訣就是跟已故的史蒂夫．

賈伯斯保持距離。這位工程師告訴我，雖然賈伯斯隨著年紀增長，個性也趨圓融，但有關他的傳聞並非空穴來風：蘋果電腦中有許多人，包括他，都會避免跟賈伯斯同搭一台電梯，因為他不想面對質問或者換來加班好幾個禮拜、甚至幾個月的下場。他也解釋，他的團隊跟賈伯斯見面時，自己會避免坐在他身邊，因為「你跟賈伯斯離得越近，壞事就越可能發生在你身上」。

躲避策略

當然，有時候你躲不開與混蛋的互動，但要是你的心思縝密，甚至奸詐一些，就可以控制自己受他們荼毒的頻率與時間，北達科塔州立大學的潘蜜拉．盧特根－桑德維克（Pamela Lutgen-Sandvik）在她對職場惡霸的研究中也有相同結論，潘蜜拉訪談過的受害者們將之稱為「躲避」，而且許多人的方法「幾乎像藝術表演一樣」。例如有一名釣魚運動公司的副總裁為一名雇主工作，辦公室四面都是玻璃，

「刻意要時時監視」，而且「他天天都要大吼大叫」。這位副總裁說：「他頭上血管都浮出來了，會吐口水、指指點點的，還天天出言威嚇，一整天只要有人擋在他前面，我在那裡的每一天都是如此。」她減少自己的曝光，盡量遠離那座辦公室：「你會學到不要太常出現在公司，安排出去開會，就是忙到沒時間進辦公室。」

躲避策略對於從長時間的困境中脫身特別有效，至少這樣的策略對我絕對有幫助。多年來我對一名同事頗感困擾，我認為她自私自大，每次要參加她主持的會議我都覺得頭痛，我發現跟她一對一交談更痛苦，一位教授同事便指出，她實在是太自戀，雖然她每次與人閒談都是先從詢問對方的事情開始，可是總不到兩分鐘就把對話引往另個方向，開始大聊自己在各個方面有多麼了不起。

我從來沒有遇過這麼愛自誇的人，每每聽到她談論自己的權力有多大、認識多少重要人士、她的生產力和影響力有多麼突出，還有她是如何在各方面都比我們其他人都強，我就覺得噁心。在我看來，她在背後捅人一刀的能力也是一流的：不遺餘力的貶低他人、惡意評論，輕蔑對手、評論家，還有任何她認為會威脅到她的名望與權力的人。我用盡一切努力躲開那些可怕的一對一交談，只要由她主持的會議也都盡量避開。不幸的是，我不能完全都不參加。

不過在她的行為讓我感到噁心（就像是暈船的噁心感），或者覺得自己就要爆發的時候，我通常會提早離開會議（我至少這麼做了二十次），而且也不解釋原因，什麼都不說似乎比說謊好多了。後來我發現其他同事也會使用類似的技巧，有些人為了降低自己在她面前的曝光機會，會非常晚才到會議現場；我沒辦法這麼做，因為我的母親從小教育我做任何事情都必須準時（雖然這也不總是最好的策略）。對我來說，提早逃離現場通常有助於讓我保持理性。

放慢腳步

處理混蛋問題就像是新養一隻小狗，在他咬著你昂貴的新鞋時，你高喊著「不可以！」，小狗卻沒把這話當成是懲罰。沒錯，你正因為鞋子的事情生氣，但是小狗可喜歡你這麼注意他了，你的叫喊只會鼓勵更多壞行為，接下來你就會發現（我的小狗巴吉就是這麼對我的），那隻可愛的小臭狗已經毀了你四百美元的眼鏡，還有一支黑筆，墨水噴濺在淺米白的地毯上。有些混蛋看見你受苦也會感到類似的愉悅，如果他們做了某件事引起你強烈的反應，不管是阿諛奉承拍馬屁、急切道歉、因恐懼而顫抖、崩潰落淚或暴怒，或者是讓你花上一個小時謹慎寫出冗長而用字斟酌的郵件，以回應他們自以為是的緊急狀況，都會點亮他們扭曲大腦中的愉悅中樞。

想想這個由芝加哥大學心理學家班傑明・拉黑（Benjamin Lahey）及其同事所進行的大腦掃描研究，他們觀察有「攻擊性行為規範障礙」（aggressive conduct disorder）的青少年（例如有偷竊、說謊、故意破壞和霸凌的紀錄），對照組則是除了這些紀錄之外在其他條件都相似的青少年。研究員讓惡霸青少年觀看一組經歷痛苦之人的照片，例如有鐵鎚掉到他們腳趾上，結果大腦中的愉悅區域發亮了（對照組的孩子則沒有這種情形）。拉黑在二〇〇八年告訴《國家地理雜誌》

（*National Geographic*）：「我們認為這表示他們喜歡看人們受苦。」而且「每次他們欺凌、攻擊其他人便會正面加強這種反應」。

研究者強調，他們的發現尚非定論，但是網路酸民好像確實也喜歡類似的病態愉悅感。退伍軍人網路社群的管理者潔莎敏・維斯特（Jessamyn West）在二〇一六年接受《衛報》訪問說：「網路酸民的言論是因為有些人認為自己有義務找出人們會在意的點，然後用力踩下去。」同樣的狀況似乎也適用於校園中和職場上的惡霸，你的痛苦就是他們的快樂，每一次他們讓你受苦，就會鼓勵他們越來越用力折磨你。

就像我在第三章中所說的，最好的辦法通常就是忽視或者離開這樣的混蛋。可惜啊，也沒辦法每次都這麼做，但是可以想想如何盡量放慢彼此交流的腳步，盡量拖延，不讓你的折磨者繼續加強這種傾向，這有助於你忍受、甚至改造這些混蛋。先前有一個博士生遇到一個濫權、喜怒無常又常提出無理要求的指導教授，她仔細告訴我自己如何利用「慢下來」的策略處理這段緊繃的關係，撐過好幾年艱苦的日子。一開始，如果他的指導教授寄給她辱罵的郵件，或是在不適當的時間打電話來（例如半夜兩點）對著學生咆哮批評，她會馬上跳起來回應，此舉又會引發更多折磨，因為指導教授得到他想要的注意力，結果更加強了他的惡劣行徑，就像在拉黑教授的實驗中那些惡霸青少年一樣，大腦中的愉悅中樞亮起來了。過幾年後，學生學乖了，回應越來越慢，一開始拖了好幾個小時，然後是幾天，再來有時候會過好幾週再寄出回覆。就算是指導教授寄給她一大堆惡意侮辱的電子郵件，學生也會等個兩、三天，有時候還會等更久再一次讀完，然後她只會寄出一封謹慎的回覆。時間久了，雖然指導教授的濫權行為並未收斂，他寄來的電子郵件越來越少，也較不常打電話來，打來的時間也比較合理。

拖延的另一個好處是讓這名學生有時間冷靜下來，強壓當下想以同樣惡毒的話回敬的慾望，幫她避過遭遇更進一步侮辱指責的惡性循環。這名博士生也利用類似的策略來安排定期的面對面開會：她慢慢一步一步「訓練」這名惡毒的指導教授將會議從每週一次改成兩週一次，最後變成一月一次。這名學生現在是一所名校的終身職教授，她相信如果沒有這些技巧讓她能夠降低在「瘋到有病指導教授」前的曝光，她絕對不可能拿到博士學位，還找到一份極佳的工作，或是保有自己的理性。如果你被困在這種雞毛蒜皮都要管、從中尋找樂趣的人身邊，這招「調整節奏法」一定能幫助你——試試看慢下來，盡量讓他們不安、受苦，訓練他們退下等一等，或許他們會不再煩你，然後把注意力轉移到其他反應比較大，也就能讓他們更有滿足感的目標身上。

慢下腳步這招在跟苛刻的客戶交手時也很有用。一九九〇年代，我在一家電話帳單收帳公司做了一項人誌學研究，我在那裡接受收帳員的訓練，花了一週打電話給遲繳萬事達（Mastercard）及威士卡（Visa）帳單的債務人催帳，然後又花幾個月觀察並訪問真正的收帳員。公司教導我們，債務人越是暴躁，也就是那些越常對我們大叫、怒罵、侮辱的人，我們在回答問題之前就應該停頓越久，講話速度也應該更慢、更平靜。有位主管教我：「如果你說話的聲音越來越輕、

越來越輕、越來越輕，他們就得停下來仔細聽，不然會聽不見你說什麼。你說話越大聲，他們也會越大聲；若是你開始降低音量，他們也會降低音量。」

最厲害的收帳員非常擅長改變說話的節奏和語調，就算是最兇悍、最侮辱、脾氣最差的債務人也會受影響。我聽過非常多通電話，債務人會對著訓練有素的收帳員大吼大叫，過了一分多鐘後，收帳員便會停頓一下，然後再緩慢平靜說話（也會運用安慰的話語），債務人會再吼叫幾句，接著收帳員會慢慢地、輕輕地、平靜地再開口，就這樣下去。用不了十分鐘，大部分債務人都會冷靜下來，態度也會好轉，通常他們會道歉、付清遲繳的帳單，或兩者皆是。

大隱隱於市

混蛋讓其他人感到不受尊重、貶低，其中一個方式就是把他們當成一般人忽視他們，也就是說把他們當成隱形人一樣，一個經典的討人厭招數就是把某人當成一件傢俱，你會使用卻不承認對方是個人，沒有眼神交流、沒有微笑、不道謝，完全沒有任何交會。

但是隱身卻是一把雙刃劍，它能夠保護你，因為有時候吸引混蛋的注意力比受到忽視還要更糟糕，有些混蛋會注意你，只是因為他們相信你做錯了什麼或者冒犯了他們，或者是他們為了其他原因而感到擔憂、焦躁、不安或抑鬱，而你正好是現成的代罪羔羊，可以讓他們發洩高漲的怒氣。因此，深陷在混蛋堆裡的人（或者只是困在一、兩個混蛋身邊）若是精通隱身術，可以站在潛在的施虐者面前而不受注意，從中得益。

有點像是那些能夠隨著周圍環境改變顏色、形狀的動物，可以站在掠食者前而隱身。就像北極狐在下雪時毛色會變白，然後又會變成棕或灰色好配合夏季時的苔原；或者像「偽裝蟹」會把海草、海藻、岩石或海綿放在自己身上當成偽裝，想在混蛋面前隱身的人會使用不同種類的偽裝，有助於讓他們融入背景，在其他人說話的時候他們沉默，在其他人表現有趣的時候他們變得沉悶，他們努力在工作表現上既不糟糕也不傑出，而是介於中間。他們的打扮是為了避免突出，就像其他人一樣，但是不那麼亮眼，他們藏身在淡定而平靜的表情後，目標就是要低調，不要掀起波濤，要變成透明人、過目即忘。

想想看機場的安檢過程。很討厭，那裡通常擠滿了人又嘈雜，身邊圍繞著暴躁而不開心的人；有必須嚴格執行的規矩，但這些規矩常常讓人搞不清楚；陌生人在你最私人的物品中翻來翻去，有人會對你戳來捅去的搜身，你還得冒著行程耽誤、被拘留，或許還有入獄的風險。要是有技巧高超的虐待狂想要設計一項實驗來培養暫時性的混蛋，他們一定會覺得壓力很大，因為實在很難想出有什麼會比美國運輸安全局（U.S. Transportation Security Administration, TSA）必須對旅客所做的更糟。當然從其他角度來看，TSA雇用的運輸安全官員也一定要應付許多混蛋，他們不只要面對排隊排不完、通常心情不爽的旅客，工作時還要接受TSA上級主管的積極監督，堅持要他們遵守特定的規矩和流程，讓隊伍持續前進，還要對旅客有禮貌（至少不能太粗魯）。

哈佛商學院學者米榭・安特比（Michel Anteby）和寇提斯・陳（Curtis Chan）在二〇一一年訪問了八十九名ＴＳＡ雇員，想知道他們如何組織工作、運輸安全官員感到什麼樣的壓力，還有這些官員如何面對這份既令人困擾又無聊的工作。安特比和陳發現運輸安全官員的工作有個特色，就是他們雖然出現在人前卻不受注意，ＴＳＡ經理會密切注意運輸安全官員的工作（經理會直接觀察他們，也會在監控中心看著連接到六、七個監視攝影機的螢幕），主管也經常介入糾正或者協助官員，但是雖然在這麼密切的監控之下，安特比和陳發現ＴＳＡ經理幾乎很少注意運輸安全官員個人或是他們的感受，經理們將這些官員們視為、他們也將自己視為「隱身而可替換的工人，監看著同樣隱身而可替換的芸芸旅客」，就這樣隱身至背景中。

安特比和陳發現許多運輸安全官員認為這樣的「隱身性」是件好事，而且積極讓自己「消失」。受到注意通常就表示有麻煩，隨之而來的會是遭到責罵、被指派困難又需要投注心神的任務、經理階層捎來的書面警告、暫時停職，甚至遭到開除。因此運輸安全官員想出辦法能夠「大隱隱於市」，也能躲過雷達的偵查，所使用的躲避策略包括在進度緩慢的時候多休息幾次，還有盡量多去廁所。雖然在理論上說來，運輸安全官員每三十分鐘就會改變位置來避免無聊，有些官員學到了要在那些區域逗留，雖然旅客還是看得見他們，不過互動較少，也與旅客多一點距離。例如，作為一名「搜身官員」要碰觸、搜索旅客，需要跟旅客有近距離且不舒服的接觸，安特比和陳的報告中指出他們覺得很煩，有時候還會爆發出怒氣；相較之下，「X光機檢查任務」跟旅客分開，運輸安全官員只要看著螢幕，看看你的行李中有沒有可疑物品，其中一個人解釋道：「負責X光機的時候就只會稍微休息一下，退出公共場所，因為你不必面對所有的人。」

運輸安全官員所使用的其他隱身策略還包括淡化「他們的自我」，有些官員會避免把工作做得太好，因為他們覺得做為個人所受到注意，比起做為一台機器中的無名齒輪，要承擔太多其他風險。有些人會避免跟主管及其他運輸安全官員聊起自己的私生活，讓自己仍然只是又一個無名而可替換的運輸安全官員，而不是一個有趣的人。

是救火，很快他就被指派去當局長的司機，這份瞧不起人的工作總是交給非裔美國人來做，是一種刻板印象。有這層身分，戴蒙斯到過這座城市內的各家消防局許多次，同時他也偷聽到不少對話，因為局長和其他許多有力的市政官員根本就忘了戴蒙斯的存在，仍然大聊敏感話題，有時還討論可疑的行動。

戴蒙斯很像是一九五〇年代拉爾夫·艾利森（Ralph Ellison）的經典小說《隱形人》（*Invisible Man*）主角，書中描述一名非裔美國人因為種族的關係讓他在社交場合中隱形。查爾斯和我跟戴蒙斯訪談時，他說當局長的司機讓他感覺怨恨，但是最後也幫到他還有其他下屬與女性。他從有力人士那裡知道了許多有關舊金山消防局的事情，因為他們忘記了他的存在，其中包括很多醜聞，讓他在消防局內對抗歧視的持久戰中成為具有影響力的領袖人物，最後戴蒙斯成為黑人消防員協會（Black Firefighters Association）的會長，在為了打擊消防局種族歧視聘僱政策的訴訟中扮演關鍵角色，運用法院命令促成局內的種族融合，而在一九九六年戴蒙斯當上舊金山首位非裔美籍消防局長。

戴蒙斯的故事顯示出人在現場卻不為人所見的複雜性，要開車載著消防局長在舊金山四處跑，被當成隱形人且被傷害自尊，但是因為有力人士經常忘記他的存在，戴蒙斯學到教訓，讓他能夠獲得影響力，最後贏得這場正義之戰，打敗那些將他和其他下屬（不只是非裔美國人）視若糞土的人。他的行動也將舞台準備好了，讓更多女性、亞裔和拉丁裔的消防員能夠進入消防局。

人肉盾牌

這裡的用意是要找到或者招募「阻擋員」，有能力、有意願，甚至很高興能夠承受施虐，以免這些傷害落到你身上，有許多角色理所當然要承受混蛋和其他難搞人士的火氣，就像我在《好老闆，壞老闆》（*Good Boss, Bad Boss*）一書中寫過的，雖然濫權、干預、困擾和其他鳥事通常是順著階級往下滾，大多數組織的設計也會讓管理階層有義務要保護「組織的核心工作不受不確定性和外在的擾動影響」，這表示「一個好老闆應該要以身為人肉盾牌為榮，吸收並反射出來自上級和顧客的火氣，執行各式各樣無聊且愚蠢的任務，擊退所有蠢材和蔑視，不讓自己的下屬遭遇人生中無謂的不公或困難」。

所以你要降低自己在混蛋前的曝光，就要找到有意願也有能力保護下屬的老闆，幫你抵擋那些混蛋和白痴。說得更清楚一點，在多數公司和非營利組織中，執行長並不是權力最大的人，他們要向董事會報告，優秀的執行長會保護員工、顧客和投資人不受董事會中的混蛋騷擾。還記得我在第一章引述那位矽谷執行長的話，他問我該如何對付無知又自私的董事會成員（「董事會混蛋」），還有眾多惹人厭成員的董事會（「混蛋董事會」）？我們碰面一起喝杯酒，聊聊該如何迎接挑戰。他在前一家公司也是擔任執行長，遇到一個自以為是又愛發號施令的董事會混蛋，他稱之為「點子男」，這位董事經常對一切事務提出新點子，從經營策略、人事訓練到針對產品的微調或大修，他經常要求執行長的資深團隊執行他的點子，或至少要投入一定的時間來評估，就算這麼做會對公司上下造成不必要的分心和壓力。而且就這執行長看來，點子男的點子大部分都很爛，他確實偶爾會執行這個混蛋提出的幾個比較好、影響沒那麼大的點子（偶爾丟根肉骨頭給他安撫一下），但仍然經常轉移注意力、拖延，必要的時候也會跟董事會混蛋爭論。為了保護他下屬的心理健康以及公司的表現，他特別會忽視或者駁回點子男老是要求跟員工一對一面談。你身邊就該有這樣的人肉盾牌。

另一個類似案例。我跟一名知名大學運動醫學系的主任經常通信，他會保護自己的人馬不受無禮且惡劣的資深行政人員欺負，並引以為榮，對於該如何成為一面有效的盾牌，他說了一句至理名言：「我總是對為我工作的人說同樣的話，『我的工作就是撐起傘，這樣上面的狗屎爛蛋才不會打到你身上。你的工作則是要讓我不必用到傘。』」就像我二〇一〇年在《哈佛商業評論》上的文章所寫：「他會小心挑起戰爭，因為要是他建立起經常抱怨的名聲，或更糟的是被開除了，那他就誰也保護不了，因此他要求底下的人避免扭曲或者破壞具誤導性的大學規範與流程，或者惹惱大學官員，除非他們為了自己的成果或自尊而必須這麼做。」

不只是老闆應該負責面對、吸收來自自私同事、顧客、學生、教友、報告人、選民或捐助人的怒氣，公司行號、政府機關、職場與運動團隊，還有網路社群都會指定並招募成員，有時候是找外面的人來擔任人肉盾牌。美國作家湯姆·沃爾夫（Tom Wolfe）描寫過遲鈍的公僕擁有保護的力量，他稱之為「砲火接收者」，形容他們如何面對那些衝進來堅持要見舊金山市政官員的選民，承受他們的怒火，並過濾、冷卻他們的憤怒與衝動。就像堪薩斯大學（University of Kansas）的保羅·費德曼（Paul Friedman）說的，砲火接收者就像「避雷針」和「麻煩處理者」，能夠承受、吸收「不滿的人投射來的攻擊」，諸如櫃台接待人員、行政助理、保全人員、公司和大學與選舉活動發言人、在客訴部門工作的人，以及夜店保全，他們的工作有一部分就是要承受這樣的怒氣。

厲害的牙科護理師也要扮演這樣的角色。二〇一三年一份針對將近兩千名芬蘭牙醫師的研究中發現，如果他們和自己的牙科助理密切合作，對於要在病人面前假裝情緒，壓力就會比較小，工作表現也比較好。研究者認為有一部分原因是厲害的牙科助理（通常會在牙醫師之前先見到病人，也比較常跟病人碰面）可以「阻擋」牙醫師見到難搞和要求多的病人，換句話說，助理能夠接收病人的砲火，讓他們冷靜下來，這樣牙醫師就不必面對這些問題。

「處理麻煩」對其他角色而言則是比較明確的工作。我曾經訪問過一名迪士尼的主管，他描述在迪士尼樂園負責訪客關係的員工，或稱「演員」，是「全職混蛋處理者」，這在迪士尼樂園可不容易，畢竟他們的官方標語就是「世界上最快樂的地方」。如果遇到一個無禮、生氣、大聲怒罵或者顯然很不爽的訪客，演員不只要想辦法安撫，還要擅長讓其他訪客盡量看不見這麼不像迪士尼的惡行與折磨。這名主管強調，演員都被教導成必須將不開心的訪客和其他人分開，因為負面情緒的傳染力非常強。演員會勸撫不高興、憤怒的訪客到園區中人比較少的角落或隱蔽處跟他們說話，情緒特別失控的訪客則會被帶到迪士尼樂園中大街市政廳裡的「冷靜房間」，這樣他們就能談談自己在意什麼、發洩情緒、整理好自己，而不會影響到其他人（市政廳中也包括客訴部門，所以這裡大概是迪士尼樂園中最不快樂的地方）。

最後，也許你會跟同事合作在角色間互換，好改變在混蛋面前曝光程度的高低，這樣一來用滾石合唱團的歌詞來說，你們每個人都能得到「公平分配的虐待」（也有喘口氣的空間）。有時候在標準作業流程中就有載明要交換位置，但是要小心那些不公平的流程，特別是對你而言！還記得在米榭・安特比和寇提斯・陳的運輸安全官員研究中，政策是每三十分鐘就要讓運輸安全官員輪調到不同位置，不只是為了減輕無聊感，還是因為有些工作（例如為旅客搜身）必須近距離跟旅客有直接接觸，這種方式會讓旅客覺得反感，有時還會激怒他們。可惜，安特比和陳的研究也顯示出比起男性運輸安全官員，女性官員更常被指派去做比較困難、容易遇到混蛋的工作（尤其是搜身），主管有時候也會處罰想要多花點時間休息的女性。因此，要小心別加入、支持或設計成不公平的體制，容易讓某些目標更容易比其他人得到喘口氣的機會。

你也可以跟其他人做私下約定，這樣大家都能得到（或多或少）公平分配的虐待。許多律師、會計師和管理顧問都告訴我，他們會輪流面對難搞的客戶。（一名顧問告訴我：「好吧，今天的晚宴輪到我坐在我們大客戶和全明星混蛋旁邊了。」）類似的情況也發生在餐廳員工上，輪流去面對那些自以為給小費就是老大、要求有夠多或是沒有禮貌的客人。我十幾歲的時候在加州帕羅奧圖（Palo Alto）市內一家叫做ＭＢＪ牧場小屋的披薩店工作，這家店現在已經停業，那時候幾乎每天晚上大概八點鐘就會有一個討厭的酒鬼上門，我們叫她「瘋瑪莉」，她會一邊講話，一邊叫罵、咆哮還吐口水，點餐的時候總是要花超長的時間，然後通常又會抱怨餐點，像是分量太少、太貴，或者披薩上的醬料太多等。我們沒有人想服務瘋瑪莉，但總得有人去，於是我的同事亞尼想出一個公平的解決方法：在她走進店裡的時候，廚房裡的兩、三個人要很快猜拳，那天晚上就由輸家負責幫瑪莉點餐，處理她的抱怨。

安全區

知名的社會學家厄文・高夫曼（Erving Goffman）將日常生活類比於劇場，我們每個人都有角色要演出，也就是公開場合「自我的呈現」，不過就像劇場一樣也要有「後台區域」，讓我們在這裡準備、隱藏，並從較為公開，或說是在舞台上演出而接收到的要求和苦惱中恢復。「演出」各種角色的人們會利用「後台區域」來減少跟混蛋和其他討厭角色的接觸，好準備以及從會面中平復心情，和其他同為目標者提供與接受支持。

例如，「護理師休息室」就具備所有這些功能。我和我的同僚丹・丹尼森（Dan Denison）花一週的時間，訪談密西根州一家醫院觀察手術室的護理師，我們的所見所聞都證實許多研究的說法，護理師是受到霸凌最密集的職業之一，他們要承受來自各方面的指責、侮辱、壓力和貶低，砲火可能來自病患、病患家屬、護理師同事、醫院行政人員，當然還有醫師（尤其是進行手術的醫師）。我們研究中接觸的護理師不但受到輕蔑還有性騷擾，我在《拒絕混蛋守則》中也提過，我們看到某位醫師在走廊上一路追著一名女護理師跑，一邊還想掐她屁股，便稱他為「鹹豬手醫生」，就在這次事件之後，丹和我試圖跟著幾名護理師進入他們的休息室，想跟他們談談鹹豬手醫生和其他事情，但他們很清楚說明除了護理師，**其他人**都不能進入休息室，醫生不行、行政人員不行，研究學者當然也不行。

有時候後台區域是專屬的私人領域，就像護理師休息室這樣，其他例子包括教師休息室，教育者在這裡能稍作休息，恢復因學生而失去的精力，或是「綠幕室」（通常不是綠色的），讓電視節目來賓和其他表演者可以跟觀眾分開，還有迪士尼樂園市政廳的「冷靜房間」，這裡特別符合高夫曼的劇場類比。迪士尼會將「訪客」造訪的地方定義為「舞台上」區域，只要在「舞台上」，清潔人員和遊樂設施操作員等「演員」與米老鼠和白雪公主等「表演者」就必須保持入戲，他們只有在「後台」才能夠吃飯、和同事開玩笑之類的，也就是跳出角色之外；雖然大部分「後台」區域都是專屬迪士尼員工使用，不過「冷靜房間」是例外。

日本東京四谷的三井花園飯店提供「哭泣房間」給訪客租用，這是特別明確也很奇怪的例子，這個空間專門就是用來躲避混蛋和其他問題，讓人恢復氣力。設計這些房間的用意是當成年輕女性訪客的避風港，讓她們能「大哭一場」好藉此「紓壓」，二〇一五年飯店發言人告訴《時代週刊》，這些特殊房間租金大約是八十五元美金（大概兩千五百五十元台幣），「裡面放滿面紙、『發熱眼罩』，還有十幾部悲傷電影」。

其他「後台」區域並非專用的「安全區」，但用途是一致的，附近的咖啡店或酒吧通常是躲避各種職場混蛋的避難所，走廊、防火梯和飲水機等地方也能當作後台區域。有個擔任機師的朋友告訴我，在長途飛行中，空服員有時候會進來她跟副機師所在的駕駛艙，一部分原因就是想遠離乘客幾分鐘，喘口氣（經常也是為了來抱怨某個喝醉的、要求特殊待遇的、或是行為遊走在性騷擾邊緣的混蛋）。

抽菸時間不只讓人能夠滿足尼古丁癮頭，通常也能權充後台集合時間，讓人能夠遠離身邊的混蛋，放鬆一下。例如，我曾經和史丹佛博士生喬基姆．里昂（Joachim Lyon）共事，他在中國兩家設計公司中進行深度的人誌學研究。喬基姆發現在抽菸時間，設計師特別容易吐露他們對於要求很多、濫權又沒安全感的客戶有哪些擔心與問題，他們會在辦公室外面聚在一起成小團體。喬基姆這一輩子從來沒抽過菸（現在還是沒抽），但是他為了融入而去學抽菸。

雖然這並不是喬基姆的研究焦點，他還是在抽菸時間和其他「後台」時間與地點聽到不少對混蛋的抱怨、建議和笑話。喬基姆跟我說起一名特別討厭的客戶，將設計師「基本上當成自己的僕人，無論何時都要依他喜好行事」，而且要求專案經理要馬上回覆他的電話或電子郵件，「不管問題實際上有多嚴重或多緊急」。喬基姆發現，「為了應付這波猛攻，如果那名客戶在休息時間發來一封訊息，專案經理就會向團隊宣布，然後他們會下注打賭她是不是在午餐前、去買咖啡之前，或者在這次抽菸時間結束前再接到電話或訊息。感覺就像你無法真正逃脫，只能夠在短暫的休息時間用一點黑色幽默讓自己放鬆一下、象徵性抵抗一下，讓他們能夠繼續堅持，而不會太過怨恨當下的情況。」

南佛羅里達大學（University of South Florida）的社會學家史賓瑟．卡希爾（Spencer Cahill）曾經進行一項非常有趣（也挺詭異）的研究，內容是將洗手間當成後台區域。卡希爾和五名研究助理花超過一百個小時，觀察人們在公共洗手間中的行為，包括購物中心、大學、酒吧和餐廳。洗手間除了能夠滿足明顯的生理需求外，卡希爾和他的學生發現洗手間還能夠當成暫時的避難所，躲開討厭的人與情況，他們是這麼說的：「一個人進了洗手間隔間把門關上後，裡面就變成這人的私人避退處，雖然只是暫時，仍能躲開公眾生活的種種要求。」

洗手間除了能夠讓人當作「維持個人表面狀況完好」的地方，也能作為避難所，讓感覺受到混蛋傷害的人能夠恢復、整理好自己。西方文化的刻板印象認為洗手間是讓女人去哭泣的地方，卡希爾拿出一張取自瑪格麗特・愛特伍（Margaret Atwood）小說中的插畫，畫著一個女人跟朋友坐在酒吧裡，發現自己哭了，於是她把自己鎖進「一間鋪著粉紅絨毛墊的隔間中，啜泣幾分鐘」。卡希爾也描述道，尤其是對女性而言，洗手間是一個能夠集體逃避、恢復精神的地方。

不只是女人才會逃到洗手間裡去整頓自己。二〇〇九年，高盛（Goldman Sachs）的執行長勞埃德・布蘭克芬（Lloyd Blankfein）告訴《紐約時報》，在他剛入行時所領導的團隊損失很多錢，於是他去找老闆提出解決方案，布蘭克芬的老闆說這個解決方法不錯，然後給布蘭克芬一個令人意外的建議：

> 我轉身要離開辦公室，然後他說：「勞埃德，在你離開之前先等，你不如先去一下洗手間洗把臉，要是人家看到你一臉這樣慘綠，他們會想從窗戶跳下去的。」

關於後台區域的研究和故事教給我們的求生技巧，就是要減少你的曝光、充飽你的防禦能力，能找到一個無混蛋區域，有必要的話自己布置一個，有助於你和其他人暫時避難。

預警系統

經常要跟混蛋糾纏不清的人通常會組成隊伍好準備、閃避即將到來的王八蛋，我的讀者當中有裝配線的工人、工程師、美國陸軍軍官和牧師，他們都跟我解釋過，知道有混蛋即將駕到，簡訊、電子郵件和耳語就開始四處流傳，這樣人們就能做好準備要躲藏、離開或是採取安全姿勢，直到威脅過去為止。其他團體也會想出辦法來傳播資訊，告知彼此客戶、重要人物或是老闆的心情是好是壞，有些地方的人會招攬老闆的行政助理，告知大家老闆是不是心情不好（所以應該躲著他或者小心應對）或者心情愉悅（這時候最好來見他或者提出敏感話題）。

例如梅莎航空（Mesa Airlines）那位壞脾氣的執行長強納森．奧倫斯坦（Jonathan Orenstein），《紐約時報》在二〇〇七年便針對他做了一篇人物報導，大標題是〈面見老闆請謹慎〉，《紐約時報》形容奧倫斯坦「說話大聲、易怒、常侮辱人，也不聽其他人的意見」。史黛西．希斯（Stacy Heath）是他的前任助理，說他大概有60%的時間都心情不好，在她擔任奧倫斯坦的助理期間，「她的任務包括注意他的心情，警告要來面見老闆的主管們。」後來希斯升職成為管理階層，她開始為了相同理由打電話給奧倫斯坦的新助理：「他們會打電話來問：『他心情好嗎？』我以前聽到會笑，但現在也做一樣的事情。」

或者像是二〇〇九年的電影《愛情限時簽》（*The Proposal*）當中那樣的警告，片中珊卓．布拉克飾演一名無情而喜歡算計的紐約出版社總編，在她快要到辦公室的時候，她的執行助理（由萊恩．雷諾斯飾演）就會發電子郵件給同事：「女巫騎著掃帚出巡了。」頓時，八卦閒聊、吃東西和打混等動作都停止了，大家急急忙忙跑回自己的工

廳員工也可以加註關於顧客的提醒，這麼做有很多目的，其中之一就是能夠警告餐廳的其他同事，混蛋要來了。丹尼・麥耶爾（Danny Meyer）的聯合廣場酒店集團（Union Square Hospitality Group）就是這麼做了，這個集團旗下有許多高級餐飲，包括聯合廣場咖啡（Union Square Cafe）、格雷莫西小酒館（Gramercy Tavern）、藍煙（Blue Smoke）、爵士標準（Jazz Standard）、當代（The Modern）、瑪雅林諾（Maialino）、無標題（Untitled）、北境燒烤（North End Grill）和瑪塔（Marta）。二〇一二年八月，寒士街網站（Grub Street）報導丹尼・麥耶爾的員工在OpenTable上大量使用「密碼和註記來評斷他們究竟是什麼樣的顧客」，例如一位「顧客被標上S.O.E. 表示他們有『公主病／王子病』（sense of entitlement）」，一名丹尼・麥耶爾經營團隊內部人士告訴寒士街網站，他們公司是「以友善立基的帝國」並且致力於招待每一位客人，但「要是你對我們做出混蛋行為，我們會記下來，你就會受到應得的對待」。二〇一二年九月，《紐約時報》上有一篇報導標題為〈餐廳知道（你）什麼〉，又指出許多使用OpenTable的餐廳「經常會將名聲不佳的顧客標上HWC，也就是『小心應對』（handle with care）；要是你的檔案上有86，那麼你晚餐很可能得另做計畫了。」

混合、配對、臨場發揮

每一種躲避技巧都能夠幫助人們減少出現在那些將他們視若糞土的人面前，如此便能降低傷害、降低「感染」及傳播這種醜惡的風險。本章最後有一篇很實用的總結，整理出這些「感染與傳播終結者」。雖然這裡有許多非常不同的方法，能夠讓你放鬆、也能保護你，不過對大多數的混蛋問題而言只有幾招有用，其他的則沒用。我希望我能設計出一套完整的求生清單，能夠用在每一種混蛋問題，有點像飛機機師每次起飛前要用的確認清單。唉，可惜混蛋的下流招數實在太多了，出沒的地點也很多，因此每個混蛋問題都需要量身訂製的策略，要靠自己才能規劃出一套合適的綜合技巧，根據你的困境做出或多或少的調整，要考量到你的強項、弱點與目標，還有日後你回首這段過往時希望對自己有什麼樣的感想。

有名執行長得到啟發，設計出一套方法，減少暴露在一個火氣旺盛的「董事會混蛋」面前，並稍稍控制住他接下來的辱罵。她在擔任一家小型軟體公司的執行長時，有個董事會成員每次在他們談話時就會大叫、對她怒罵，實在是太欺負人了，因此這名執行長用盡一切方法來躲避和他進行面談，她會安排經常跟他通電話，然後「把電話轉成靜音模式，開始上指甲油」，把他的聲音轉到小聲到不能再小，「每三、四分鐘」再回頭確認，「看他是不是還在咆哮」。過了一段時間，那個董事會混蛋把大部分毒液都吐出來了，稍微冷靜一點，她就能跟他有一段還算有禮、有建設性的對話。

從她的故事中，你會發現我所討論過的逃避策略的影子：保持距離和閃躲。我很喜歡她使用靜音功能和音量控制鍵（這比走出糟糕的會議要好太多了），還有科技（也就是電話）幫助她跟一個「低解析度」的董事會混蛋交手，她不必忍受他生氣的譏諷、漲紅的臉，還有額頭上噁心的暴突血管。她脫掉鞋子、把腳放到桌上，開始幫腳趾上指甲油，這個儀式安撫她，幫她轉移注意力。靜音鍵再加上指甲油不只減少了受虐的時間和強度，這個組合也讓她在情感上能夠抽離這個討厭的情境。我在下一章會進一步解釋情感抽離和其他「保護靈魂的心智控制術」有何價值。

現在就先把焦點放在那名執行長所教給我們的重大啟示，這本書會提供關鍵的材料讓你能夠用來打造出最適合**你**的求生策略，我也會提供各種研究、解決方案和故事，如果你覺得自己被混蛋包圍，這些故事能夠讓你知道你不孤單，而且你可以採取一些步驟來保護自己，而對許多人來說，生活就會好轉。一切都取決在你，或許還有那些能夠幫助你的人，根據你所面對的那種詭異情況去發展、實驗、不斷微調自己的求生策略，就像那位聰明的執行長所做的，她安排電話上而非面對面的會議，按靜音鍵，擦指甲油。

感染與傳播終結者

1. **乘著艾倫曲線**。你能不能勸誘身邊的混蛋離你稍微遠一點？就算只是多十呎的距離也有幫助。如果你能夠想辦法讓他們遷移到新地點，像是另一棟建築物或另一樓層，幾乎就像是把他們送到另一個國家那麼有效。

2. **如此近又如此遠**。如果你必須去參加聚會，或者被迫要和混蛋近距離接觸，你有可能或坐或站都離他們遠一點，即使多幾呎也好嗎？試試看找個很難跟你的施虐者有眼神交會的地方，例如坐在一桌的同一側，但是要盡可能離他們遠一點。

3. **蹲下閃開**。你能夠避免接觸那些令你作嘔、讓你想釋放出內在惡魔的人嗎？他們在場的時候，你能夠想辦法回家或者離開嗎？或者，遇到你無法躲開的會議、協同工作或社交聚會時，乾脆遲到或早退？

4. **放慢步調**。你跟那種混蛋一起困在一段關係中，每次你表現出明顯的不愉快他就開心嗎？如果是這樣，你可以放慢步調嗎？試試看延遲或者拒絕讓施虐者得寸進尺，在你回覆討厭的訊息和電話之前拖得越久越好，然後盡可能少跟他們見面。

5. **隱形斗篷**。你被困在到處都是混蛋的環境裡嗎？這些握有權力的上級、客戶或民眾對你視若無睹，可是一旦你犯了真正的或想像中的罪，他們就一擁而上來處罰你？或許隱形可以成為保護你的偽裝，你可以融入背景，盡量少說話、表現無趣、工作表現不算太糟也不會太棒，躲在淡然且木然的表情之後。

6. **惡霸阻擋員**。你能不能找到一個老闆能夠幫你擋下混蛋，或許是慢慢訓練他們這麼做？或者，你能不能發現或招募一個砲火接收者？這個人可以跟無禮又難搞的顧客、雇員、使用者或選民周旋，這樣你就不必面對這些人。

7. **鬼抓人夥伴**。你能不能組織一個正式或非正式的輪調系統，讓每個人暴露在已知混蛋面前的時間差不多，或者是執行比較容易遇到混蛋的工作時間大致一樣？這樣一來，大家就能公平分配受虐時間（還有休息時間）。

8. **回到後台喘息一下**。找一個「安全區域」來使用，這是混蛋不能進入或找不到你的地方，這樣你就有時間復原心靈上最近受到的侮辱，也能準備迎接後續，還能夠跟其他目標一起互相取暖、支持。這個地方可能是非請勿入的，像是教師休息室，或者是附近的星巴克咖啡或酒館，也可以只是一條安靜的走廊或附近的公園。

9. **啟動預警系統**。跟你的同事和同志合作，互相警告即將到來的混蛋，這樣你就能躲開、拿出最好的表現、將他們從可能引發他們厭惡或憤怒的人與地支開，或許還能準備好整死你的施虐者。如果在門上貼著標示說「內有混蛋」可能會讓你惹上麻煩，不過謹慎使用電話、簡訊、電子郵件或社群媒體，或許就能發揮效果。

5

保護靈魂的心智控制術

還記得我在第二章提過的西點軍校「菜鳥」貝琪・馬吉歐塔，她扭轉她的認知，熬過不間斷的欺凌嗎？我們再深入一點，探討她如何減輕痛苦。

在第一年剛開始時，某一天貝琪因為無法重述當天《紐約時報》頭版上的每一則新聞（常見「錯誤」），結果惹得幾個高年級軍校生掀起一場荒謬的風波，他們站在「離我鼻子兩吋遠的地方，對我咆哮」，說她不管身為人或身為專業軍人都失敗得一塌糊塗。貝琪那天領悟到一點，與其把這樣的欺負當成是針對自己，她開始把這些當面取笑她的話當成「無與倫比的娛樂」，她不再擔心比賽中是否有人動了手腳、她是不是註定會遭到不斷羞辱，還有她很可能會有崩潰的危險，也就無法維持「軍人風範」。

她反而開始把焦點放在那些高年級軍校生欺負菜鳥的手法多麼有想像力、多麼有趣，可以說貝琪變得非常佩服他們的「才智與技巧」，讓他們把火力轉到她身上時，對她的影響便小很多。有時候，貝琪發現他們的辱罵、譏諷和討厭的處罰實在太好笑了，她簡直忍不住自己的笑聲，結果害她惹上更多麻煩（他們會叫罵著：「有什麼好笑的？」還有「這件事不好笑！」），但只是讓這一切似乎更加有趣。

貝琪處理混蛋問題的方式是**重構**他們的行為，使之變得沒那麼困擾、對她沒那麼有威脅性——運用認知行為療法的治療師（還有許多研究者）就會這麼說。認知行為療法是最廣泛使用在治療心理健康問題的實證方法，立基的論點是失能的思考方式會將病人的情緒與行為塑造得有破壞性。賓州大學（University of Pennsylvania）的茱迪絲·貝克（Judith Beck）解釋，這樣的療法幫助病人以不同且更為正面的角度來看待自己的經歷，讓他們能夠感覺良好、做出更有建設性的行為。這種療法有一部分就包括敦促病人重構自己的困難和擔憂，使之變得沒那麼討厭，甚至要當成好事。社會心理學家和其他研究者都指出以較為正面的角度來重構（或「重新評估」）令人不安的事實或惱人的經驗，雖然不是萬靈藥，卻能讓人感到安心。例如，相同的經驗是被視為有趣而刺激的挑戰或者是令人困擾的威脅，可以改變人們的感受和相應的表現。

紐約大學的亞當・艾爾特（Adam Alter）和他的同事針對這樣的重構進行一項相當值得注意的研究，對象是北卡羅萊納州的小學生以及普林斯頓大學的研究生。他們發現在進行數學測驗時，如果將之定義為一份具有挑戰性的問卷（也就是有趣的或能夠啟發智識的），而非是具有威脅性的考試（會顯示出他們在「當下」有多聰明或評估他們的基本能力），兩個團體中的非裔美國學生表現都會好很多。這是同一份測驗，但是將之**視為**一份挑戰能提振他們的信心，轉移他們的注意力，不去在意對非裔美國人的負面文化刻板印象，以及據說是較不具優勢的教育背景（一旦這樣的刻板印象烙印在非裔美國學生的腦海中，研究顯示他們的學習、自信和表現都會受到影響）。

重構是對付職場混蛋常用的抵禦方法，海法大學的達娜・亞吉爾和她的同事調查兩百二十五名以色列雇員，想了解他們如何應付主管的虐待，諸如嘲笑、惡意批評、使人困窘、沉默以對、以及其他殘酷的話語和行為。他們評估重購的方式是，問這些員工會不會跟自己說一些諸如「這只是一份工作」、「這只是一件無關緊要的小事」的話，亞吉爾團隊發現受虐員工要尋找情感避難處時，重構就是主要的技巧之一。

還有另一份類似的研究是針對西班牙一家電信公司，研究發現受霸凌的員工如果運用「心理抽離」的技巧，主動去想著比較愉快的事情，並且在非工作的時間「關機」，所承受的情緒緊張（例如不幸、憂鬱、失眠）也就比較少。情緒抽離的員工也比較不會想方設法要報仇，他們比較不會想著要對那些羞辱、取笑和散播惡意謠言的主管和同事討公道。

本章會介紹重構的策略以及相關的「心智控制術」，即使是你無法或不能逃離、減少曝光，或是對抗那些騷擾推扯你的混蛋，這些方法也能保護你。改變你分析人與事的方式就像穿上一件有保護力的防彈衣，幫你抵擋住即將來襲的混蛋。這些技巧要發揮最大的效果，大部分都要跟朋友、教練、老闆、同事或其他目標協力合作，建立起「框架」，不僅適用於你，也適用其他同在一條船上的人，就算你單槍匹馬，這些技巧也會有用，但是如果你和能夠信任的人一起建立起這種詮釋，他們能夠證明你並沒有瘋，你真的遭到敵軍包圍，而且你也有盟友，能夠幫助你度過艱困時期，像是那些惡霸和小人準備出動的時候，或是你的自信萎縮的時候，而且你也可以回過頭來幫助他們度過艱困時期。

有一位在美國政府機關工作的諮商師，為受霸凌員工提供一些建議，當中便蘊含著重構的力量，還有找別人一起幫你有多麼重要。這名諮商師寫信告訴我，他的工作就是「讓那些傢伙可以在混蛋村裡活下去」，並且大致提出他所遵守的三個關鍵步驟：

1. 他建議受虐的員工「做個調查」，跟其他員工聊聊，確定那個「混蛋主管」不是只針對他來施虐。這些與同事的對話非常重要，因為如果這名主管對待這名員工就像對其他人一樣糟糕，那麼員工就可以不再「怪罪」自己「讓情況變糟」。
2. 如果這名愛欺負人的主管其實對每個人都一樣混蛋，諮商師就會問那名受委屈的員工：「既然他所作所為符合你對他的定義，為何要感到抑鬱焦慮呢？」、「何必為了一個做混蛋事的混蛋而感到壓力呢？」

3. 如果員工很肯定「沒錯，這就是一個混蛋」，諮商師會鼓勵他抽離情緒，我已經提過這個重構技巧，稍後會再談。他最喜歡的一個抽離策略就是鼓勵員工把自己想成競賽的監督者或觀察者，而非參與其中，競賽的目標就是要預測施虐者的下一步行動，他解釋說：「員工看著眼前的事實並預測結果，就能夠控制自己的經驗，我的客戶經常為此感到開心，因為他們可以回報：『我猜他會那麼做，然後他真的做了，真是個混蛋！』」

這些步驟都是為了幫助抑鬱而焦慮的員工，改變自己對現況的定義，**而非**改變情況本身，而且員工會相信這個新定義，因為這是藉由和諮商師與其他目標多次談話而形成、保留下來的定義，人們互相尋求協助，發現自己並不孤單、問題不在自己的時候會更有幫助，他們知道了自己的同僚也要處理或撐過混蛋問題，會讓他們抱持希望與信心，相信自己也可以。

現在我們要進一步討論特定的心智控制術，可以保護你的靈魂。

1. 不是你的錯

美國政府機關的員工說服自己，折磨他們的人會有那些所做所為並不是自己的錯，因此覺得沒那麼痛苦。就像那名諮商師所建議的，他們沒有理由苛責自己，畢竟「何必為了一個做混蛋事的混蛋而感到壓力呢？」認知行為治療師將之描述為扭轉或減少有害的「個人化」，也就是說「你相信別人因為你而出現負面行為，沒有先考慮過他們的行為背後可能有更可靠的理由」。

詹斯．布萊徹特（Jens Blechert）和他的同事在史丹佛大學進行實驗，證實了這種重構（他們稱之為重新評估）的保護力量。他們讓史丹佛學生看生氣之人的照片，然後給他們幾分鐘接受重新評估的訓練

（例如「想像這個人並不是生你的氣，而只是今天過得不好或者跟老闆吵架了」），接著又讓他們看幾張生氣之人的照片，他們便不再覺得不快了（不像第一次看到這些照片那樣）；相反地，沒有接受過像是「這不是我的錯」重新評估訓練的學生看到生氣之人的照片後，還是會覺得不快。才華洋溢的詹斯·布萊徹特既是治療師也是研究學者，他在二〇一一年接受《健康日新聞》（*HealthDay News*）訪問時談起這次應對研究的啟示，下了這樣結論：「如果你受過重新評估的訓練，而你知道你的老闆經常心情不好，你就能準備好自己再去開會。」然後如果你的老闆「尖叫、咆哮又吼罵」，你的負面反應就會比較輕，事實上還有可能完全沒有負面反應。

獄警也會使用類似的技巧來處理囚犯的辱罵和威脅所帶來的痛苦，有兩位我已經提到過的研究學者，也就是凱蒂·迪謝爾斯（她建議「別跟瘋狂打交道」）以及米樹·安特比（他跟寇提斯·陳一起研究運輸安全管理局官員），他們組成團隊研究在美國州立監獄矯正官員的情緒反應。他們與一百一十三名矯正官員進行面談並觀察他們的工作，發現「當成不是針對自己」是相當關鍵的心智控制術，這些官員藉此減輕他們對囚犯的負面反應，將他們當成人來看待，而非關在籠中的動物，並且讓官員準備好以關懷的心對待囚犯，而不是以殘酷或麻木的方式。

迪謝爾斯和安特比發現「這種防禦行為在面對針對官員的不敬、侮辱和威脅時特別常見」。一位官員告訴他們：「嗯，我努力不要把事情當作是對我的個人攻擊。」而且他努力「退出」，並將囚犯的侮辱和怒氣解釋為不是在攻擊他，重構他們爆發的怒氣，他們是在公開侮辱一個「天天看見，日出、日落都看見的」權力象徵，而不是針對他個人，不是他激起他們的怒氣，也不該因為他們的痛苦而受責罵。

最後要警告一下，關於這個「去個人化」或「這不是我的錯」防禦法——我在第七章會提到，許多人會讓混蛋問題惡化，或者自己本身就是問題的人，還會把錯怪到別人身上。當然，就算你是個混蛋，說服自己你其實是個超級大好人或許能夠保護你的心理健康，但是像這樣的否認可能回頭咬你一口，你的惡劣行徑或許會吸引、培養出其他混蛋，他們就會把砲火轉到你身上（身為一個混蛋不見得能夠保護你不受其他混蛋欺負）。就像我在《拒絕混蛋守則》中警告過的，把別人視若糞土也很危險，因為你會製造敵人，他們在等待適當的場合報復你。在許多社交網絡和組織中，美國喜劇演員格魯喬·馬克思（Groucho Marx）的那句老話「時間一久，腳跟就痛」，就像先知之言。

2. 別把威脅看得太重

要使用這套「沒那麼糟」技巧，首先要認知到自己處在混蛋樂園，但是別像之前一樣把那些討厭鬼看得那麼邪惡或有害，這也是西點軍校的貝琪·馬吉歐塔所使用的一部分策略，將高年級軍校生的騷擾看成「好笑的行動」，她在心裡會把他們的斥責和懲罰看得沒那麼有威脅性。

高明的治療師和領袖會做類似的事情，來幫助客戶及下屬辨認出自己腦中不真實或誇大的有害思想，幫他們以比較正面（或至少沒那麼負面）的角度來檢視情況。在認知行為療法中，治療師會和病人一起改變他們的思考，在他們「視野狹隘」或使用「心智濾鏡」只專注在眼下的負面部分時，能夠換個想法，他們也幫助病人提出疑問，然後改變貼在自己或別人身上有害、看似永久的標籤，「眼下的證據似乎可以更合理導向傷害沒那麼大的結論」。

如果你要對付混蛋或是幫別人這麼做，這樣的重構可以提供保護。我在進行第四章所提到的電話帳單收帳員研究時，我發現收帳員經常會說「這沒什麼，我還遇過更糟的」來減輕他們或同事跟債務人不愉快的交手後所感到的苦惱。我接受過正規訓練後又花了幾天觀摩、聆聽，然後才在資深收帳員的督導下親自打電話。在一次電話中，一名無禮的債務人對我發火，他抱怨我在晚餐時間打電話去，又花了很久時間才說出重點，他也不過就遲繳一次，我卻用這麼誇張的方式騷擾他。在那通電話後，資深收帳員幫我重構這次經驗：等我多打幾通電話，就會發現剛剛跟我說話的那名債務人其實沒有出言侮辱、咆哮或咒罵，他的聲音聽來惱怒是件好事，因為那代表他不爽了就會付錢（但又沒不爽到因為怨恨就不付錢）。他說這類電話效果最好的大概就是這樣了，債務人有接電話，態度不算惡劣而且會付錢。

後來我又發現，有經驗的收帳員遇到憤怒、不誠實或搞不清楚狀況的債務人時，經常會跟同事說這不算什麼，然後開始提起過去跟債務人作戰的故事，那些人還更為瘋狂、更沒人性。那些作戰故事不只有助於安慰、平撫其他收帳員，說出這些故事也能夠創造一種「社交黏膠」，將收帳員聚成一個團體，提供娛樂，讓他們有機會笑一笑那些債務人和自己，教授做這一行的技巧，也讓收帳員有機會吹噓一下。

接下來的故事是一名在都市計畫局工作的主管，他在預算出現危機時必須解雇員工，因而引發一場混蛋病毒的醜惡大爆發，尤其是有幾位不滿的員工一直對管理「拋擲」怒火、辱罵和不實評論。這位煩惱的主管找來一位退休的組長，請他做的工作基本上就是對整個部門進行重構干預。這位組長跟每個人進行一對一談話，然後再把所有人集合起來開會。他一開始就說：「先說清楚一件事，我見過你們的主管，他們沒有你們想得那麼壞，連一半都不到，也沒有他們想得一半那麼好。」這位主管又補充說，他從經驗得知：「有一、兩個人坐在會議室後面附近的，雙手抱胸，不管我們要講什麼都只是在等著想丟石頭過來。」

腹背受敵的主管說明這樣的重構如何成為雙刃刀，不只讓員工知道他們的主管沒有那麼壞，而主管也知道員工沒有那麼壞，兩邊的人都將威脅誇大了。這個例子也顯示出重構能夠改變行為，而不只是這個情況的定義。主管在信中提到，這位組長的重構不只讓會議室裡的每個人感覺受到的威脅減輕了，「讓兩邊的人都沾上汙名，也讓我們能一笑置之，更輕鬆談話」。

3. 專注在好處上

這套心智控制術是先承認自己所受的待遇糟糕透了，但是把焦點放在好處上，看看你從混蛋身上獲得什麼好處。這也是另一種「其實沒有那麼糟」的重構。

這一招對於克服與難搞傢伙交手或延長關係很有用，在你事後回首這一切的時候也會覺得比較好。例如，記者安德魯・波瓊（Andrew Beaujon）在二〇一四年就為波因特機構（Poynter Institute）網站寫一篇有趣又有些令人不安的文章，文中提出一個問題：「為什麼記者對難搞的編輯存著美好回憶？」他將這個問題丟給他的同事吉兒・蓋斯勒（Jill Geisler），不但提及有些記者的自豪心理，畢竟他們在難搞又要求高的編輯手下撐過類似於兄弟會與姐妹會霸凌的日子，她更指出兩個撥開雲霧見天明的好處。

首先，存活下來的人會強調他們從這些混蛋上司身上學到新聞學的重要課題，拿蓋斯勒的話來說：「事實上，那一堆大便底下還真的有一匹小馬，那匹小馬很聰明，教了他們一些技巧讓他們更進步，因此這些主管其他無禮的（但不算不誠實）行為就會被定義為『個人特色』。」第二個好處是那些難搞的編輯有時候會丟下幾塊提升自信的麵包屑，賞給年輕的記者，在一片無情的大海中有一座讚美的小島，感覺真的有夠讚，蓋斯勒解釋：「當村子裡最可惡的王八蛋跟你說：『小子，只要你把頭從屁股裡拔出來面對現實，或許還真的能在這一行做點成績。』有些小子就會覺得自己很特別，而他們會牢牢抓住這一點。」

4. 向上提升

美國前第一夫人蜜雪兒．歐巴馬（Michelle Obama）二〇一六年在費城的民主黨全國代表大會上發表演說，提到這套重構策略。歐巴馬夫人說起她和歐巴馬總統如何跟十幾歲的女兒瑪麗亞和莎夏溝通，討論「她們從電視上聽到公眾人物說出的那些仇恨言論」，她說：「我們解釋，如果有人殘酷無情，表現得像個惡霸，我們不能自降格調到他們的水準，不行，我們的家訓是：他人行下流，吾等往上走。」

正如歐巴馬夫婦為了保護家人所做的，歷屆美國總統都會遭遇這樣毫不留情的侮辱和指控，這套心智控制術就是要告訴自己和那些你所關心的人，要保持自己的高度，拒絕墮落到和你的施虐者同一水準，這麼做也代表你比那些下流的傢伙是更好的人。這套策略不只能夠讓目標以自己的優越為榮，能夠以平靜、有禮，甚至是溫暖的態度面對他人的惡意，而且也能減少陷入丟糞大戰的機會，讓彼此都產生敵意而造成惡毒的輪迴。

這不只是政客及其家人才適用的策略（我希望能有更多人使用），在菲爾茲咖啡（Philz Coffee）的咖啡師心中，也是這樣訓練、建構自己，並據之對待他們的顧客。菲爾茲咖啡連鎖擁有三十五間分店，總部設在舊金山，我跟他們的執行長雅各·傑布（Jacob Jaber）談話時，他說菲爾茲致力於以溫暖對待顧客，要「煮出一杯適合每一位顧客口味的完美咖啡」，而在經驗與超讚咖啡之間造就「一杯杯的愛」。雅各堅持要咖啡師待人友善，即使面對無禮的客人也一樣，他解釋說有時候顧客也會知道自己表現得像個混蛋，態度就會好轉，甚至偶爾還會道歉。儘管如此，友善對待奧客對菲爾茲的咖啡師而言還是榮譽的泉源，他們能夠抵擋降格到混蛋程度的誘惑，不回敬這樣的「壞心情」。雅各是這樣說的，遇到混蛋顧客的時候，他就跟咖啡師說：「對他們好一點，他們該死，但我們態度要好。」

跟雅各談過以後，我想要知道他的員工對奧客的想法，畢竟只是因為執行長這麼說，並不代表第一線的人員也這麼做、也這麼想。我找來以前的學生兼研究助理迪安娜．巴迪札德根（Deanna Badizadegan），跟幾位咖啡師、一位值班經理和一位店長面談。迪安娜跟他們約在舊金山兩家菲爾茲咖啡，每一位都服務過形形色色的顧客，包括年輕的工程師、銀行家與律師、遊民、旅客、大學生和青少年等。

迪安娜很驚訝發現，每一位菲爾茲員工都強烈認為「這份工作的意義全在於『讓人的一天更好』，這個人有多麼討厭並沒有關係」。菲爾茲員工分享許多奧客的故事，有控制狂（「他們甚至不想喝咖啡，只是想要在早上來一點『唯我獨尊』的感覺」）、神經病／強迫症類型（想要「超級特殊的咖啡」），還有最糟的就是階級歧視的那種（「這個人覺得自己比你更強」只因為他們擁有更多錢或者有一份體面的工作）。每個員工都會重複那一句真言，他們奉行在生活中，並鼓勵其他菲爾茲員工也用這句話當成盔甲來抵擋奧客——「用善良殺死他們」。

正如雅各．傑布話中隱含的意思，他的員工無比自豪的一點就是堅守高水準的待客之道，而且將失去冷靜當成不專業的表現，同時他們也很自豪能夠拯救陷入困境的其他咖啡師。他們不斷表現出的友善有時候也會「惹惱」奧客（「不過最後他們也會對你很好」），一位值班經理總結這種眾人齊心維持的高水準：「我為什麼要因為有人要求一杯完美的咖啡而生氣？如果我做不到，或許我根本不該在這裡工作，這一切都是心態問題！」

5. 同情惡魔

即使有個混蛋不值得輕易原諒或放過，這個方法可以幫助你感覺沒那麼受到貶低、精力耗盡。這個方法幫我面對某個同事，他非常關心學生也能幫助學生成就不凡，但除此之外他這個人不是很好相處、脾氣易怒又自私。他吼過、侮辱過也威脅過十幾名教授和行政人員（通常都是為了芝麻小事），不願意分享資源或想法，要求更多空間和資金而不顧其他有類似需求的人，而且除非他有求於人，否則每天見到什麼人，大部分都會被他視而不見。

我並沒有直接與他合作，但是他的古怪行徑一度惹惱我。有一年他教的課和我使用同一間教室，我的課程時間比較早，在我還在上課的時候，他經常會逼我早點下課好讓他準備上課。他也吼過好幾個我所仰慕的人，於是我發現自己每個禮拜總會有幾個小時都在生他的氣，就算我無法阻止他的劣行（嗯，我試過但失敗了，或許我應該更努力一點）也盡量減少與他的接觸，心情還是受影響。

然後我開始使用一套心智控制術，能夠消除幾乎所有我對這位易怒教授的怒氣和思緒，我想起他的生活有多麼艱難，還有他做過的所有好事，我對自己說些這樣的話：「他就像一隻有顆黃金之心的豪豬。」或者偷用一句谷歌工程師的話：「他這個傢伙就是一套使用者介面很糟的好作業系統。」只要對這個惡魔感到同情，讓我自己原諒他，我改變自己的認知，他也就不再惹惱我了。

關於原諒的理論和研究進一步加強這類重構策略，研究顯示即使混蛋並未道歉，你也沒有對他們表現出原諒，但是你自己在心裡原諒他們，還是能夠幫你對傷害釋懷，而你這麼做的時候不應該是縱容、低估或忘記自己所受的傷。針對霸凌的研究以及所謂的「人際違規」，像是說謊、侮辱、違背諾言等，都顯示出原諒能夠幫助受害者忘記正醞釀的怨恨以及報仇的念頭。

心理學家夏綠蒂．凡歐言．威特利葉（Charlotte van Oyen Witvliet）和她的同事做過一項實驗，要求大學生先想想某個苛待、冒犯或傷害過他們的人，隨著實驗展開，學生接受提示，在兩種思考之間轉換，一個是繼續生氣、「心懷仇怨」，另一個是原諒的念頭，包括「同理攻擊者的心態」和「願意原諒」。原諒的念頭減輕學生的怒氣和悲傷感，讓他們感覺自己更有控制權，同時減輕表現出苦惱的心理徵兆，包括心率和血壓上升；而不願原諒的想法則有相反的效果。這份研究也符合針對遭霸凌學童的研究，它發現原諒殘酷同學的受害者較不容易感到社交焦慮，也較少想到報仇，同時也表現出比較高的自尊。

結論是，就算折磨你的人並不值得被輕易放過，原諒他們的罪過卻能讓你不再受他們所困，加強自己是自己命運主人的感覺。

6. 專注在好笑的一面

幽默、笑話和笑聲也有黑暗的一面。加拿大學者洛德．馬汀（Rod Martin）奉獻超過三十年的時間研究幽默和笑聲，在《幽默心理學》（*The Psychology of Humor*）一書中提到，如果用幽默或嘲諷來包裝侮辱或威脅，還是一樣會讓人刺痛，甚至更痛，但有時候在社交場合上比較容易被接受。

「放輕鬆，只是開個玩笑。」是混蛋的標準辯解之詞，用來合理化自己糟糕的言詞和行為，但幽默可以**是矛也可以是盾**，將他們的殘忍或無情行為建構為好笑、無稽或荒謬能夠降低傷害。利用馬汀的「處理幽默量表」（Coping Humor Scale）進行的研究顯示，人們處在苦惱的情境中，如果能夠從中看見有趣之處，就能少受點情緒上和生理上的傷害，這些人會同意像是這樣的話：「如果我努力從我的問題中找出笑點，通常就會發現問題大大減輕。」以及「即使在困難的情境中，我通常能找出某件好笑或能開玩笑的東西。」或許這就是為什麼安妮．霍赫（Annie Hogh）和安德莉亞．多法德特爾（Andrea Dofradottir）在研究中發現，經常（甚至是每天）遭受誹謗和難聽嘲笑的丹麥員工，比起那些只是偶爾遭到霸凌或完全沒有相關遭遇的人，更容易把幽默當成應付策略。看來在混蛋的行為中找到並專注在好笑的一面及其荒謬，還有你和其他人回應的方式，可以當成一種保護盔甲。

本書中一直提到幽默的保護力量，書中提到的受害者經常給討厭鬼取好笑的綽號，包括「董事會混蛋」、「混蛋老闆」、「達斯・維達」、「點子男」、「不像指導教授，是折磨教授」、「向錢看混蛋工廠」、「笑面虎」，還有「海巫婆」。幽默也有助於減輕我和我的史丹佛同事所感到的痛苦，我在寫這一章節的時候，我跟一位史丹佛職員聊起她那位控制狂的老闆，一開始本來是氣氛低迷的對話，但很快我們就開始大笑，談著簡直就像從影集《辦公室風雲》（*The Office*）或經典B級片《上班一條蟲》（*Office Space*）擷取出來的片段，這位什麼都要管的老闆在她的下屬進洗手間之後，就計時看他們在裡頭待了多久，然後等下屬回到座位上就開始騷擾對方，問他們：「妳真的需要花這麼久時間補妝嗎？」我們知道這位老闆羞辱被當成目標的職員，也在目睹或聽說這些怪事的同事心中引發恐懼，我們很同情他們的苦難。但是我們發現這件事有多麼荒謬，一起大笑一頓，便把原本讓我們兩人苦惱的事情變成一種娛樂，讓這件事情沒那麼討厭，也讓我們覺得沒那麼無助，就算我們無法阻止這樣的無理行為，至少可以改變對這件事的看法。

7. 從未來回頭看

這裡的真言是：「一切都會過去。」在艱困的時期，告訴自己這只是暫時的，想想你過去所面對過的討厭鬼和問題，如今回頭看你一點也不感到困擾，沒什麼大不了的，甚至這樣才是最好的。加州大學的研究學者艾瑪·布魯勒曼–瑟納寇（Emma Bruehlman-Senecal）和奧茲蘭·艾達克（Ozlem Ayduk）記下「暫時遠離」具有減輕壓力的效果，正如他們所說：「人類具有獨特的能力，心智能夠時光旅行，我們不但能夠回想過去也能想像未來，藉此超越此時此地。」

這兩人進行六項研究，顯示在人們面對或大或小的壓力源時（從結束一段長久關係到考試考不好），如果他們專注在自己在遙遠的未來會有何感受（而非近未來），就不會感覺到有那麼立即的擔憂、恐懼、焦慮、憤怒、傷心、失望和罪惡感。這樣的人傾向同意以下的論述：「我想一個禮拜之內我就不會再生氣了。」以及「這個問題當下的結果過了一段時間就會消逝。」

時間距離能夠幫助人們面對當下的壓力，似乎是有兩個原因。第一，大部分的人都對未來比對現在更樂觀，所以他們期待自己的人生會越來越好，包括眼下正困擾著他們的問題。第二點，也是特別重要的一點，認知上的暫時性有保護的力量，只要看往遙遠的未來，人們就會知道他們現下的麻煩和相關的情緒困擾都只是暫時的，就能得到安慰，他們會記得那些陳腔濫調，像是「一切都會過去」、「時間能療癒一切傷口」，還有「幽默等於悲劇加上時間」，通常說得都有道理。

要對付你當下遇見的混蛋，想像幾個小時、幾天、幾個月或幾年後（端看你認為虐待會持續多久），到時候你的苦惱心情會減輕多少，因此沒有必要現在為此這麼糾結、生氣。有一位曾經在好市多賣場工作的收銀員寫信給我，她就是這麼做才能在她可怕的上司手中存活下來，她的主管會對她出言批評、怒目瞪視，又低聲咒罵她，六個月來只稱讚過她一次。她讓自己專心想著，等晚上回到家之後，這一天的所有事件似乎沒什麼大不了的，不過是她得忍受某件事才能進入一個更好的地方。這樣的時間轉移幫助她撐過許多難過的日子，還能夠換到一個薪水更高的工作，有一個更好的上司。

8. 利用情緒抽離

這個策略叫做：「老實說，混蛋，我他媽的不在乎。」沒錯，這麼做有很大的壞處，包括丟了飯碗。最可貴、最可敬的人會深深在乎自己的同事、其他志工、顧客、客戶等等，並盡可能給予一切幫助。蓋洛普研究和許多其他調查報告都有證據顯示，如果員工更「投入」自己的工作，認同自己的上司和同事，就會更有生產力、更願意合作、更開心、更有創造力、更願意投入額外的心力，也比較不會辭職；相對的，不夠投入則有反效果，更會荼毒許多組織與團隊。想想一份相當可怕的研究，對象是美國賓州一百六十一家醫院裡過勞的護理師：「認知抽離」的護理師洗手次數會減少也沒那麼徹底，會導致病人間泌尿道及「手術部位」感染大爆發。

我們學到的一課是情感脫離、抽離或遠離（或者隨你想怎麼稱呼），是人們在面對惡劣情況時有時很糟糕、完全可以預料的反應。當人們視你如糞土，實在很難對他們付出全副注意力和心力。無論如何，這套重構策略能給你一股湧現的力量，這門細膩的藝術練習對苛待你的人毫不在乎，也就是磨練自己淡化他們存在的能力，有助於維持你的理性、保衛你的生理健康，也能讓你不傷害到自己所愛的人。

在《拒絕混蛋守則》中對情緒抽離的討論帶來上百封電子郵件以及和讀者的對話，關於何時、如何使用這套心智控制術，這幾年來我也追蹤有關於心理抽離、遠離和相關處理方式的研究，我認為每個人都應該用抽離這種方法來對付混蛋（和其他壓力源），當成一種強力的麻醉藥，有助於人們忍受並從苛責、蔑視和其他對心靈的侮辱中復原。在這幾年來，我建立一套觀點比較微妙的抽離策略，粗略讓強度一級一級增強，重點就是讓即使只是要應付輕微混蛋問題的人，也能利用某種抽離策略得利，而在濫權越來越嚴重、更有侵略性時，也可以使用比較強化的抽離策略。我的分級如下：

第一級：在休息時間淡出

這是最初階的抽離，工作時遇到的混蛋或許會讓你抓狂，但是你不工作的時候如果可以把注意力和心力轉移到其他地方，有助於你重拾平靜、享受人生，並集中資源應付接下來的艱困時期。我們已經看過許多案例，員工如果花費太多時間想著他們可怕的老闆、同事或顧客，這就是一個嚴重混蛋問題的症狀，而且他們處理得很糟。還記得第二章提到的行銷經理，他在「向錢看混蛋工廠」工作七年，受很多苦，部分原因是他在下班時也無法從工作中抽離，他說：「我下班回家後會莫名其妙就對我的伴侶發脾氣。」

至少有十幾份研究都會使用到由心理學家莎賓・桑能塔格（Sabine Sonnentag）和夏綠蒂・弗里茲（Charlotte Fritz）發展出來的

心理抽離方法，用來檢驗在下班時間「關機」或說心智上從工作抽離的影響。這些研究大多發現如果員工可以避免不斷想到、擔憂、思考在工作上發生了什麼、即將發生什麼，就會過得比較好，他們比較少出現生理和心理健康問題，也少有睡眠問題，較不疲累，工作表現較好，生產力較高，而且在工作與家庭角色之間的衝突也少。

當然，挑戰就在於**如何**從工作抽離。自從智慧手機問世，我們許多人就處在「一直開機」的狀態，這個障礙是可以靠老闆、同事、朋友、親戚和伴侶的彼此幫忙而克服的。試圖去抵抗你的手機成癮症，可以的話就離開手機並關閉工作的電子郵件，請你的同事、朋友和情人多多注意你，以免你不小心手滑了。或者試試看帕瑪斯蕾・沃里爾（Padmasree Warrior）使用的這個技巧，這位前科技公司總裁目前是電動車公司蔚來汽車（NextEV）的美國執行長，《財富》雜誌稱她為「電動車產業女王」。根據科技共和國網站（TechRepublic）的報導，在一天即將結束時，沃里爾都會花二十分鐘「找個安靜的地方，無論她身在哪裡，然後關掉所有電子產品來靜坐冥想」。

若非必要，試試看在晚上或週末時避免寄出工作的電子郵件，如果你沒辦法做到，至少跟著我太太瑪麗娜這麼做：她是北加州女童軍協會（Girl Scouts of Northern California）的執行長，員工大概有一百五十人，服務約四萬四千名女孩以及三萬一千名成人志工。瑪麗娜有時候確實會在晚上及週末工作，為了維持這份要求很高的工作，她必須這麼做，但是她不希望自己的員工因此認為他們也應該這麼長時間工作，所以她雖然會在晚上及週末寫電子郵件，不過除非是緊急事件，否則她會等到正常的工作時間才寄出。

無論你在哪裡工作，建立一個小儀式，對自己和對其他人說「我下班了」，在工作（或其他高要求的角色）與你其他的生活之間創造清楚的分界，都會有所幫助。類似的例子還有凱蒂・迪謝爾斯針對矯正官員所做的另一項研究（這一次合作的同事是鍾晨柏〔音譯 Chen-Bo Zhong〕），看他們如何應付被視為在情緒上和生理上都很「髒」的工作。凱蒂和晨柏發現在上下班之間做出明確而有意的情緒分界，有助於這些官員面對隨著工作而來的侮辱、憤怒、羞辱和生理上的髒評她的教學技巧、外表和尖細的聲音：「我不再聽他說什麼，他說話的時候我就想著班上的孩子、我可以如何幫助他們。」一位美國空軍官校的學生也是這麼做的，他決心要畢業並駕駛飛機，所以要撐過其他軍校生對他的挑釁和侮辱。他並不像西點軍校的菜鳥貝琪那樣覺得這些騷擾很好笑，而是對自己說：「我面對混蛋的時候，視線會穿越他，想像他根本不在那裡，我不斷對自己說：『我想要飛。』」還有類似的一份研究是針對在澳洲洗腎中心工作的護理師，發現他們的主要處理對策也是「情緒遠離」，特別是面對攻擊性強、辱罵連連的病患，以及其他以蔑視與不敬對待他們的護理師。有位護理師告訴研究者：「我會擋住，只是想著……我是機器，把我必須要做的做好。」

有相關證據顯示員工為了不讓自己失能，會刻意扭曲自己，「淡化」他們感覺到、表現出的情緒。愛胥莉・尼克森（Ashley Nixon）及其同事針對四百五十九名員工進行研究，發現人們在應付工作上遇到的爭執與質疑時，「會修改自己對衝突的可見反應，修改機制包括壓制負面情緒或表達虛假的正面情緒」。類似的狀況，許多讀者也回同」。唉，擁有健康關係的人不會彼此這樣溝通，但是如果有人老是侮辱你、羞辱你，又說你的壞話、在背後捅你一刀，這種空洞的話語就能製造出有保護性的情感距離。

我一位史丹佛的同僚受到啟發，在這層抽離上又加上一點變化。當他要跟一位或多位容易態度惡劣、頑固或高傲的人開會時，他採取一種「臨床診斷」的角度看待一切好抽離自己。他假裝自己是一名醫生，工作就是要診斷出這種有趣、罕見和極端的混蛋症病例，規劃最佳治療方案。在他某個同事做出特別過分的事情時，他不會生氣，反而會告訴自己實在太幸運了，居然能看見這麼「有趣的案例」，很像是醫生要治療一個病得很重的病人，他會對自己說「那可憐的討厭鬼狀況真是糟透了，我真同情他」。我這位有創意的同事說，有時候使用這套「診斷」重構技巧，讓他能夠想出更好的對抗策略，並且安撫這些難搞的角色，不過就算這麼做對混蛋毫無影響，這樣的抽離也讓他在難熬的會議中不必受到苦惱和怒氣的約束，結束後也比較少想著他們。

第三級：盡可能在大部分時間或完全淡出

這是最高等級的抽離，再進一步，就要你跟生活中的每個人、每件事都保持情感距離了（這對任何情況都不是健康的反應）。這個策略應該要留到你的組織、團隊、學校或任何地方「感覺都像是不斷延長的個人侮辱」才使用，你在這些地方經常被視若糞土，虐待從各個方向襲來，隨時隨地都有無情的爛事從你頭頂砸下來。

這表示你必須用盡一切努力不顯露自己，只要執行該做的動作，盡量不去理會越多人越好、越徹底越好，就算他們就在你面前也一樣。你應該把全部的注意力都放在那些待你有禮、對你最重要的人，以及關注未來更美好的日子。你的目標是只要在別人面前顯露出最低限度的自己，同時還要保護自己不受他們的怒氣影響。

我母親教過我：「值得做的事情就值得做到好。」嗯，她說錯了，當你身邊都是惡毒的人，你還是必須做些事情才能保住工作或者保住和平日子，但那些事情卻不值得做好。一位工程師向我解釋，他的老闆、老闆的老闆還有高級管理階層對待他的團隊很糟糕，因此他們只會付出「最小可行努力」（minimum viable effort, MVE），這個策略是受了暢銷作家艾瑞克・萊斯的「最小可行產品」（minimum viable product, MVP）啟發，他說：「我們決定那些混蛋不值得我們付出更多。」

再說一次，極端的抽離會帶來很多負面結果，正如蓋洛普的研究顯示，完全心不在焉的員工（也就是指那些最不投入工作的職場殭屍）更常曠職、辭職率較高、對他們的公司及其產品較不感光榮、生產力也較低。我並不是要為不投入的員工找藉口，認可他們乏善可陳，甚至有時候完全是毫無努力可言的工作表現，但這些員工大多都有失能的老闆、團隊和組織，讓員工日復一日掙扎才能熬過某些糟糕透頂的情境，這些「職場傷害」之所以公司也有份，其實只是自食惡果罷了。而聰明的人才懂得將心力保留給以禮相待的人，或許還會去找一份更好的工作。

重構的限制

我已經將這個章節討論的心智控制術整理成以下列表，讓你能夠玩「混蛋重構遊戲」，這裡列幾句簡單的話術，在你面對討厭的傢伙和惡劣行為時，能夠提升你的心理及生理健康，這些話的效果全都經過我在前面所提到的證據及實用策略證實。

混蛋重構遊戲

簡單幾句話就能減輕刺痛

你不孤單……

「很多其他人也要面對同樣醜陋的事情，我不是瘋子也不是壞人。」

「我們有彼此，至少我們不孤單。」

不是你的錯……

「不能當成是針對我個人，他表現得像個混蛋也不是我的錯。」

「她才應該覺得過意不去，不是我。」

別把威脅看得太重……

「沒錯，她是個混蛋，但我還見過更糟的。」

「這裡的混蛋跟其他地方比起來根本是孬種。」

專注在好處上……

「那堆大便底下藏著隻小馬。」

「我們都從他身上得到許多，就算得忍受他的混蛋也值得。」

向上提升……

「我不會墮落到他們的格調，我比那更好。」

「他人行下流，吾等往上走。」

為惡魔感到同情……

「他是個混蛋，但是他經歷過那麼多困難，我不會怪罪他。」

「我不會忘記她對我做過的事，但是我能理解她為什麼要這麼壞，即使她是錯的，我原諒她，這樣對我比較好。」

專注在好笑的一面……

「笑總比哭好，這些混蛋其實還滿好笑的。」

從未來回頭看……

「這一切都會過去，時間會療癒一切傷口。」

「等我日後回頭看，這一切就似乎都不算什麼。」

利用情緒抽離……

- 第一級：「我只要去做些不同的事情，今晚想些更有趣的事情。」
- 第二級：「那個混蛋開始動作的時候，我就將她淡出，想像她甚至不在那裡。」或者「我假裝自己是醫生，在診斷一個非常有趣的混蛋症病例，所以越是極端詭異，就越引人入迷。」

- 第三級：「我不在乎那些糟糕的傢伙，我要盡量隱藏自己，每天執行該做的工作，不讓他們碰觸到自己的靈魂。」但是只倚靠這樣的心智控制術是一種危險的存活策略，可能會加強在第三章討論過的「混蛋盲目」。只有重構，不會改變發生在你或其他目標身上的事，也不會改變你身邊的惡霸，這套策略只會改變你對自身處境的想法。

重構是一把雙刃刀，這些簡單的話術中有幾句會讓人想起我在第三章列出的「十個謊話」，為混蛋盲目火上加油，讓你看不清楚眼下的情況，其實逃離這些有害的人，降低你在他們面前的曝光是更好的策略；重構也會讓你不願意對抗惡霸和小人，但其實你可以把他們變得更好、打敗或趕走他們。簡單來說，當你面對的是最為濫權、最具破壞性的那種混蛋，單單只有重構是特別不可靠的策略，沒錯，有時候受困在糟糕情境中的受害者必須倚賴重構和一些其他的小技巧，但這應該只能作為最後的解方。

如果重構是處方藥而不是一套應對策略，我會加上一個警告標籤，寫道：「使用時請務必謹慎，以避免延長、極端或不合法的施虐，包括但不僅限於性騷擾、明顯或刻意的種族歧視、潛在或外顯的肢體傷害威脅、性侵害，以及其他暴力或人身傷害的行為。副作用可能包含危險的否認、沒有真正減低的具體虐待。」

現在該來談談反擊了。

重點回顧

▼不是你的錯：說服自己，混蛋的所做所為並不是出自於你的錯。

▼別把威脅看得太重：別把那些討厭鬼看得那麼邪惡或有害，這世上還有更為瘋狂、更沒人性的例子呢！

▼專注在好處上：承認自己所受的待遇糟透了，但看看你從混蛋身上獲得什麼好處。

▼向上提升：要保持自己的高度，拒絕墮落到和混蛋同一水準，這麼做也代表比起那些下流的傢伙你是更好的人。

▼同情惡魔：折磨你的人並不值得被輕易放過，但原諒他們的罪過能讓你不再被他們所困，感覺自己是自己命運的主人。

▼專注在好笑的一面：發現混蛋的所作所為有多麼荒謬，大笑一頓，便把原本苦惱的事情變成一種娛樂。

▼從未來回頭看：一切都會過去，告訴自己這只是暫時的。

▼利用情緒抽離：藉由不同強度的抽離策略，磨練自己淡化混蛋存在的能力。

6

反擊

不要誤會，跟混蛋作戰是一件冒險的事，一旦他們發現你企圖要抵抗他們的無理或蔑視，可能會被大大激怒且懷恨在心，並把怒氣發在你身上。前面章節所提到的策略把重點放在逃離或躲避混蛋，或是重構你對他們的想法，但這並不是要挑戰並降低他們的影響力、名聲和虐待，因此這裡提到如何改變、擊退、打敗和驅逐混蛋的策略，需要更多深思熟慮和謹慎。

在混蛋問題漸趨惡化的時候，你可能會感到焦慮，胸中燃著一股衝動想要**馬上**打倒那個混蛋，但是通常比較聰明的做法是立即壓下你想滿足私慾的渴望，冷靜一下，然後擬定作戰計畫。你當下的判斷很可能是有瑕疵的，災難即將爆發時，即使只有一下下的時間，就算只花幾分鐘去質疑自己的第一時間的衝動、想想其他的選項，就能夠避免愚蠢的錯誤。正如我們在第二章講過的，諾貝爾獎得主丹尼爾·康納曼警告過，當你面對一個痛苦、會帶來重大後果的決定，最明智的做法是先慢下來，研究你的困境，權衡各種可能性，並且在付諸行動之前先向你信任的人尋求建議。

「如果他有魔杖最想消除的就是這點」，因為這助長太多糟糕的決定。對自己打敗或驅逐混蛋的能力自鳴得意是很危險的，曾經有個《財富》雜誌前百大公司的新人事主任向我吹噓，說她打算開除公司裡濫權最嚴重的幾個資深主管，我問她才剛上任幾個月就這麼快行動是否不夠謹慎，她對我打包票說執行長是站在她這邊的，她得到授權可以炒他們魷魚。但她錯了，那些混蛋去找執行長，說服了他，比起人事主任他們更是無可取代，結果幾個禮拜後她就捲鋪蓋走路了。

第二種資源是**紀錄**，你的證據越是無懈可擊，就越能夠避免「各說各話」的情況，你只能光憑自己的話和混蛋對質。麻煩一開始出現時，保留你的電子郵件和社交媒體上的訊息交流，並小心做筆記，如果可以的話就照相錄影，而且鼓勵其他目標和盟友也照樣做，同時要注意遵守當地法律的規定，因為各地可能相差甚遠，例如在我寫書的時候，美國的加州、佛州以及其他大約十個州似乎是需要「所有當事者同意」，也就是說在沒有取得對方同意就錄下他們在電話中的談話或其他場合的對話是違法的，但是在其他四十幾州包括紐約州、科羅拉多州和維吉尼亞州，顯然在未取得對方同意下就錄音也沒有問題。

要留下紀錄這建議很容易理解，但還是許多人沒有照做。我聽說十幾名當事人的故事，他們太晚才開始做紀錄（或根本沒做），要想防衛、打敗他們的施虐者就變得更困難。確實而有說服力的證據讓你有談判籌碼和合法性，能夠去向大老闆或人資投訴；如果他們不理會你，這些證據就成為你的彈藥，能夠向工會尋求協助、採取法律行動或訴諸媒體。二〇一六年七月，福斯新聞（Fox News）主播葛瑞琴・卡爾森（Gretchen Carlson）提起告訴，控告新聞台的創辦人兼主席羅格・艾爾斯（Roger Ailes）——這位世界上最有權勢的媒體大亨之一，指控他在自己拒絕性邀約後便將她逼走，以及投訴其他福斯同事性別歧視。艾爾斯強烈否認指控，福斯的管理階層也表現出對老闆「全然的信任」，還有許多福斯捧出的明星出面為艾爾斯的清白背書，包括布里特・休姆（Brit Hume）、肖恩・漢納提（Sean Hannity），以及葛蕾塔・薩斯特倫（Greta Susteren）。

但是不到兩個月的時間，艾爾斯丟工作，福斯同意拿出兩千萬美元和卡爾森達成和解，公司也發表公開道歉：「葛瑞琴並未受到尊重及敬重，這是她和我們所有同事都該擁有的。」福斯從知名的寶維斯律師事務所（Paul, Weiss, Rifkind, Wharton & Garrison）請來的律師揭露大量艾爾斯騷擾的證據，大約有二十名女性站出來舉報他的惡劣行徑，根據《紐約時報》在二〇一六年九月的一篇報導，最有殺傷力的證據來自卡爾森用手機偷偷錄下的對話，有超過十八個月的時間她都錄下自己和艾爾斯的對談，這些邪惡的關鍵證據包括艾爾斯對卡爾森提議：「我認為妳和我老早就該發展出性關係了，這樣妳會很好、更好，我也會很好、更好。」

雖說如此，要是太過執著於記錄下每一次惡意和侮辱、逼迫他人記錄下遭虐的事件並與你分享證據，這麼做也有壞處，從學術面來說這叫「非臨床性偏執」，就是「一種高度、極度的不信任」，包括「認為自己遭到其他心懷惡意之人威脅、傷害、迫害、苛待、貶損等等」。妙蘭・艾芙琳・陳（MeowLan Evelyn Chan）和丹尼爾・麥艾力斯特（Daniel McAllister）兩位學者認為，如果員工對其他人的信任度太低、心中充滿恐懼和焦慮，就會變得警戒心非常高，只會把焦點放在壞事上而忽略好事，即使在最單純的行為中也會看出邪惡企圖。如果你太沉迷於收集霸凌的每一分證據，有可能會在心中製造出一頭怪獸，將混蛋嫌疑人的行動都解釋得比原本的企圖更加惡劣，讓自己看不見他們所做的任何好事。

但是有句話說「只因為你偏執，不代表他們沒對付你」有時候也是對的。我的史丹佛同僚羅德・克萊瑪（Rod Kramer）就引美國作家恩尼斯特・海明威（Ernest Hemingway）為例，他深信聯邦調查局跟蹤他好幾年，他的電話遭到竊聽，還有探員攔截他的郵件。海明威會抱怨他在酒吧和餐廳裡遇見穿著黑西裝的男子，似乎是在監視他，有時候也會上前質問他們，親友們好說歹說的保證他們只是普通人，聯邦調查局並沒有盯上他，負責治療海明威的精神醫師將這樣的執念視為「臨床性偏執症」——但是海明威是對的，一九四二年調查局局長艾德格・胡佛（J. Edgar Hoover）針對知名作家展開「嚴密監控」，一直持續到他一九六一年自殺為止。海明威在一九六〇年入院治療時

（他在院內接受電擊治療憂鬱症），他向醫生抱怨說他在電話中聽到的喀喀聲就代表調查局在偷聽，結果醫生將之視為進一步證明了他有偏執症。或許是吧，但是在調查局的大量檔案（依美國資訊安全法規定公開）中透露了，調查局確實在監聽海明威的電話。

第三種資源在這本書中經常提到，那就是**單打獨鬥或團結**。有時候你必須獨自作戰，但是有其他人加入你的陣營的話勝算更大。你有盟友就擁有更多力量，在艱困時期可以互相鼓勵繼續戰鬥，而且也比較容易說服懷疑者不是只有你一人、不是只有你瘋了（海明威的問題有一部分就是這樣）。

潘蜜拉．盧特根－桑德維克教授進行過一項研究，發現受到霸凌的員工如果團結在一起反擊，高層懲罰施虐者的比例是58％，而受霸凌的員工都沒有遭到解雇；但若是員工單打獨鬥，霸凌者受罰的比例是27％，而有20％的受霸凌者會被開除。例如盧特根－桑德維克教授就在報告中提到，一所學校的幾名老師向董事會成員舉報一名濫權的主管之後，就像防洪閘門打開了，許多受害者都出面控訴，一位老師解釋：

就像那些遭到神父性侵的小男孩一樣……只要有一個說出來了，所有其他人都會從門裡走出來？嗯，就像那樣。我們一和鮑伯（董事會成員）談過之後，很多其他老師也鼓起勇氣加入我們，說「對啊，那樣不好」。你懂我的意思嗎？他們不再那麼害怕了。

過去曾經遭到施虐者霸凌過的人，如今已經逃離虐待，他們會成為特別寶貴的支持者。有位道德學教授寫信告訴我，如果有研究生和博士後學生問他要如何應付大學中那些討厭又不守規矩的老闆，他都建議他們去聯絡「所有其他認識那個混蛋的人」，因為他們「自然就是你的盟友」。這位教授談起有位博士後研究生聯絡上他那個可怕老闆以前的下屬，這位同是被害者的朋友提供情感的支持，和他一起向行政人員投訴那位老闆（行政人員也採取行動來保護這位博士後學生），還幫助這名學生在另一間實驗室找到更好的職位。

現在開始來介紹對抗混蛋的策略，我會談談要如何、何時使用、為什麼有效（又為何有時無效），也會順便回頭解釋那三種關鍵資源。

1. 冷靜、理性並公正對抗

這種作戰的方式比較文明，你將攻擊者拉到一旁，冷靜的、甚至是溫和的向他解釋他們已經傷害你或其他人，要他們住手。在第七章將會說到，我們人類身上帶著一種詛咒，隱約會察覺到我們的行為在別人身上造成什麼感受和影響，經過控制的、公正的負面回饋能夠讓懷著巨大盲點的混蛋感到不安、改變行為。這套方法適合用來對付暫時的、或者不知道自己是混蛋的人，在你和他們有一段互相信任的關係，或者你的權力能夠影響他們時很有效，尤其對那些對自己的溫文儒雅而自豪的人，想到其他人在他們背後叫他們混蛋就覺得難堪，這方法就會更有效。我認識一位公司的執行長，他個性善良，卻完全不知道自己做了什麼傷人的事，某次會議後，兩位女性執行副總裁將他拉到一旁平靜勸告他，讓他大驚失色，她們有仔細記錄，告訴這位執行長他在她們說話時至少打斷兩人各六次，但是其他四名男性執行副總裁講話卻從未遭他打斷。他對此感到震驚又尷尬，請求她們的原諒，並要她們繼續記錄自己是否還會打斷她們，發誓不再會做出這種性別歧視之舉，他不想再體驗這種自我厭惡的感覺。

保持冷靜和文明也可以用來對付比較不討人喜歡的罪魁禍首，不過你可能得稍微加強火力才能吸引他們的注意力。有一位在大型公共事業任職的經理告訴我，雖然主管們強調要堅守公司的「核心價值」，而且還把標語貼在牆上、放在網站上，但是他工作的地方到處是混蛋，這位經理時常發現這些人話說得有多漂亮，員工身上承受的各種辱罵就有多難看。於是他會在同事違反核心價值時提醒他們。

他談起有一年和其他經理參加一場補償金審查會議，那時的預算緊縮，他們要討論該付給人們多少錢，有個比較討厭的同事說：「他們有工作就應該偷笑了。」這位經理保持禮貌但回擊說：「很好，你能告訴我這麼做展現哪種核心價值嗎？是誠實、尊重，還是合作？認真說起來都不是……我想知道這麼做符合公司的大方向嗎？我們要怎麼跟我們的員工和納稅人說這件事？」他繼續解釋：「我發現如果你抓到機會就出個聲，稍微提醒我們必須要遵守的核心價值，那個混蛋很快就會退下，吞下自己的話，重新思考對策。」

最後，來看看英國前首相溫斯頓．邱吉爾（Winston Churchill）在一九四〇年六月二十七日收到妻子克萊曼婷（Clementine）寫給他的信。當二次大戰的戰報對英國而言越來越糟的時候，邱吉爾把他的焦慮發洩在員工身上，於是克萊曼婷寫道：「有一位你身邊的人（是你忠誠的好友）告訴我，你有可能身陷困境，你的同僚與下屬大多都不喜歡你，因為你的態度總是無禮嘲諷又讓人難以忍受。」克萊曼婷敘述幾項難看的細節之後，又說：「我相當震驚又難過，因為這麼多年來，我一直都很習慣與你一同工作、為你工作的人是敬愛你的。」然後，「我親愛的溫斯頓，我必須坦白說自己已經注意到你的為人越來越惡劣，而且也不如過往那樣和善。」她建議：「你擁有如此至高的權力，必須加上溫文儒雅的態度，如果可以的話，還要無比冷靜。」最後克萊曼婷說：「再說，易怒和無禮不會有好結果，只會造成厭惡或者奴隸般的心理。」

這三個例子各有不同，但是卻都具備兩個有效對抗混蛋的元素，甚至在衝突加劇、怒氣升高，而非冷靜相待時也會有效，針對「道德怒氣」和「有理發怒」的研究也認為，如果希望利用對抗來改變施虐者的行為，又要符合社會觀感、能夠爭取支持，最好能夠具備下列兩個特點：

(1) 合理——有充分證據顯示那個人做了壞事。

(2) 對抗的動機可以視為是有幫助的，目標是促進更多人的利益，而不只是一股自私、為了報仇或不理性的衝動，對敵人或宿敵造成傷害。

克萊曼婷寫給溫斯頓·邱吉爾那封文情並茂的信同時演繹這兩個

原則，第一，她從自己與他相處的經驗以及「忠誠的好友」那裡得知，溫斯頓的「易怒和無禮」越來越嚴重，包括「如果有人提出了什麼意見（比方說在會議中），而他們預知你會一派輕蔑，結果就沒人敢說什麼，無論好壞都提不出來」；第二，她的動機是為了幫助員工、英國與其盟友，克萊曼婷的信主要是為了其他人而寫，其他人不像她這樣擁有影響溫斯頓的能力，而她信後的附註也傳達出她的批評並不是一時衝動的判斷：「我上週日就在契克斯閣寫了這封信，原本撕了，但如今還是寄給你了。」

2. 積極對抗

通常稱呼某人是個「混蛋」其實不怎麼聰明，尤其是在盛怒和眾目睽睽之下，不管這個標籤有多麼正確，別人可能還是會覺得你這麼做很混蛋。例如，有個先前在家居改造商店工作的員工在信上說，她在罵某個同事「混蛋」之後就被開除了，她拜託我去說服她的老闆改變心意，因為畢竟她只是在實行拒絕混蛋守則。我拒絕了，用這個詞彙形容、特別是當著對方的面這樣稱呼欺負你的人，不只在大多數情形下是無禮的表現，甚至就像往火上丟汽油彈一樣，可能會引爆更多惡意刁難與惡劣行為。門諾教會牧師亞瑟・保羅・伯爾斯（Arthur Paul Boers）也在他的著作《千萬別叫他們王八蛋》（*Never Call Them Jerks*）中提供類似的建議，伯爾斯建議如果遇到懷有敵意而自私的教友，將他們貼上王八蛋的標籤很侮辱人，而且也無助於修補關係和改變行為。

但是也有證據顯示，在應付某些特定種類的自私混蛋時，回敬火力是有效的（不過我會建議要文明一點，而非直接回罵「你這混蛋」）。你必須說服某些人，你不是一塊任人搓圓捏扁的腳踏墊，不然他們可能會變得更可惡、自私，他們會把你的仁慈當作懦弱的徵兆。匈牙利學者在二〇一五年做過一份研究，發現個性具有馬基維利特色的人，也就是說這些自私的人會「把其他人當成只是工具一般，為了達到目的可利用的棋子」，這些人在跟「公正與合作」的人共事時，大腦就會進入「超載」，這些惡劣的掠奪者馬上會開始暗暗算計要如何利用他人達成自己的目的，不過要是遇到像他們這樣不願合作、自私的人就會退下。

相關的研究認為強硬的回擊，例如提高聲音、語出威脅，甚至是發脾氣，對於抵抗那些認為自己可以靠著踐踏別人的感覺與尊嚴往上爬的人很有用。我的史丹佛同事羅德．克萊瑪稱之為「豪豬力量」。有位經理告訴我她如何靠著回敬火力擊退與她共事的「一個大混蛋」（對方是一名退役的陸軍少校，因為經常口出侮辱和不敬而惡名昭彰）。她一開始試著要對他好，但是他卻進一步貶低她，還開始把手伸向她的人以及挪用她的預算到自己的計畫上，她發現他把她的友善和合作當成懦弱的徵兆，於是她到他的辦公室，「狠狠瞪著他」，然後告訴他這樣的行為「絕對不能容許」，她絕不會容忍。這位退役少校退下了，豪豬力量是他唯一能理解的語言。

當你在對付一個破壞多數人利益的過分混蛋時，就算他們有權力指使你，稍微顯露出合理的怒氣偶爾可以讓他們退下。有一位在軟體

益表達出合理怒氣（不過能夠稍微壓下「親信」的氣焰，他顯然也滿享受的），而且他的團隊也因此敬愛他。

在其他情況下，稍微「被動積極」的對抗或許更能傳達出這個概念：「你表現得像個混蛋，我要你住手。」畢竟在某些組織或國家的文化中，不太能夠接受直接衝突，而如果你只是短暫遇見無禮的人，無論是顧客、某個你在教堂遇見的陌生人、在餐廳、戲院或運動賽事遇見的人，要求他們收斂一點，說「噓」、瞪視可能都沒有用，或者還會適得其反，因為你跟他們在這之前並沒有交集。有位讀者寫信告訴我一則超棒的故事，說他跟一個朋友去看《終極警探 4.0》（*Live Free or Die Hard*），有一群人坐在他後面，整部電影期間都在聊天，「譏笑嘲諷，總之很讓人分心」，他試過「一般的方法」，也就是轉過頭去瞪他們，但沒有用，最後「在一次比較長、安靜的空檔中間，我轉頭跟我隔壁的朋友還滿大聲說：『欸，**你**有話想聊嗎？』他也大聲說：『不知道耶，不如等等再說？』」他說，「這招奏效了，我們後面的人在電影剩下的時間都保持安靜。」這個方法讓那些毫無察覺的混蛋知道要收斂，而且「還滿好笑的，不會造成任何衝突」。

就像我在第五章提到的，比起那些認真說出口的，用幽默來包裝辱罵和輕蔑或許打擊的力道會更強，社會觀感也比較好。當事人同樣可以用幽默來對抗惡劣行為，就像在電影院裡那個故事中的被動積極方法。如果有人用惡劣的玩笑話來攻擊你，用尖銳而好笑的話來反擊可以阻止攻擊者，尤其是惡霸把你當成他們可以任意取笑貶低的腳踏墊時更有用。

有位高中老師寫信給我，說她學會「用把大家逗笑的方法來反擊他」之後，這位同事終於收斂對她的譏笑，因為她建立「一堆反擊話術」，例如說：「聽起來就像笑話，但我不是在開玩笑。」還有包括「你有禮貌的時候好可愛喔」，以及「你一直都這麼好嗎？還是你只針對我，因為我太特別了？」當然，尖銳而挖苦式的幽默也有風險，就像任何要把大便扔到其他人身上的方法一樣，這麼做可能會引發惡意循環，而且如果你的權力比較小，你巧言善辯的回嘴可能會讓混蛋想施行報復。但是在某些地方，有些在外人聽起來像是爛笑話、恥笑和貶低的話卻是能夠允許，並且也希望你這麼做。當具有攻擊性的幽默，或者說「垃圾話」是常態，擁有權力的人不只是會這麼做，甚至會期待聽到這種話，也喜歡其他人的反擊，當老大做得太過火了、讓其他人覺得遭到貶低，人們知道最好的辦法就是說個笑話或來個惡作劇，讓對方知道該住手了。

一位作風強硬的前矽谷執行長跟我說過一個故事，有關他的團隊如何讓他成為笑話中的哏，這麼做如何減輕團隊中的緊張，讓他們更緊密，讓他知道自己該降低敵意。

不知道為什麼，他針對資深主管的侮辱有很多是拿他們跟蔬菜相比，儘管沒有人喜歡這樣，例如「你比一顆生菜還蠢」或「普通的櫛瓜也想得出來」。於是他的團隊設計一套反擊的方法。有天這位執行長走進會議室準備開會時，並沒有看見大家坐在平常坐的位置上，反而在他們椅子旁的桌上都放了一顆生菜來代替每個成員，甚至在執行長坐的主位上也放了一顆生菜。執行長寄給我一張照片，桌上的十一顆生菜上頭都各畫著眼睛和一抹微笑，大部分都戴著帽子，有些還戴墨鏡，他還說：「他們還做了一件生菜T恤，我們很多人都常常穿。」這位執行長承認，有時候他對自己的團隊太嚴苛，但是他強調公司跟以前不同了，而且成長快速，要想生存下去就必須有顆強大的心臟。短短幾年時間，他的團隊帶領公司從一家岌岌可危的新創公司成為矽谷成長最快速的公司之一，而且即將成功公開募股。已經準備好要經歷這場瘋狂之旅的人不但能夠忍受他有時候很沒禮貌的幽默，還能有自信反擊回去，這樣的一來一往讓他們的關係更緊密。不過他也承認，在生菜事件之後，他確實有一段時間都沒再用蔬菜開玩笑，或者說些其他的話來傷害人們的感情。

3. 愛的轟炸及拍馬屁

奉承將你視若糞土的人聽起來似乎是奇怪的作戰計畫，不過稱讚、微笑和其他讚賞的表現（就算不是完全真心）卻可以用來安撫易怒而懷恨的人，減輕他們內在的焦慮與怒氣，這樣他們就不會把氣出在你身上。有位軟體工程師在信上跟我說，她會研究身邊的混蛋，想知道如何「在小地方討他們歡心」並「進攻他們的弱點」，她敘述她的團隊中有一位品管人員，「大家都知道她在壓力之下就很容易發脾氣」，在產品發布日逐漸接近時，壓力隨之增高，她就會對同事發出具破壞性的攻擊（卻從不帶髒字），清楚表達出「你的腦力和在這一行的專業大概比一隻阿米巴原蟲還低一點」。

我觀察到她很喜歡巧克力，尤其是黑巧克力，她在壓力之下總是會靠吃東西安撫自己，而且有效。於是，在每次接近發布時程的壓力逐漸升高時，我就會帶來幾磅賀喜氏巧克力（或者如果快到某個節日時就是應景的糖果），而且其中一定會有黑巧克力，放在實驗室中讓所有品管員都能吃到……真的有助於紓解她的壞脾氣。

這樣的「巧克力轟炸」就是以比較隱晦而間接的方式來實行這套策略，有時候還必須運用到更強力的關愛轟炸（還有拍馬屁），如果跟比較積極的策略合併使用的話效果更好。在你準備偷襲一個冷漠又自戀的混蛋時，最好先讓她別來打擾你，而自戀狂渴望經常有人讚美他、拍他馬屁，迫切需要相信自己是受到眾人關愛的，雖然自戀狂通常很愛欺負、侮辱人，不過他們臉皮很薄，無法忍受有人對他們感到有一絲絲不悅或甚至質疑他們的判斷。

麥可．麥寇比（Michael Maccoby）研究並指導自戀型領袖已經幾十年了，他發現他們「通常會說自己希望團隊合作，但實務上的意思是他們希望團隊對自己唯命是從」。我的建議聽起來可能有點討厭，甚至虛偽，但是如果你希望握有權力又易怒的自戀狂可以保護你，這裡的論點是你應該拍他們的馬屁，讓自己有所遮蔽，也讓他們保持平靜，而你就能暗地裡籌謀擊倒他們的方法。

有一位社區大學的行政人員告訴我一段很長的故事，敘述他的前校長如何要求員工完全的效忠，若是員工沒有「時常滿足他的自我」，就很可能會大發雷霆。這位行政人員和幾位同事花了一年時間，整理出控訴他們老闆的鐵證，他們仔細記錄下他所做的糟糕決策，對讚美毫無饜足的渴求，喜歡貶低他人，還有經常大發脾氣。他們將證據交給值得信任的人，最後讓這位校長遭到開除。這位行政人員說，自己和其他「叛徒」每天都會固定討好這位校長，說些言不由衷的讚美，因為這樣能夠遏止他因自戀而引起的怒氣，讓他們專心研究計畫。

其他研究則發現，有些人之所以脾氣不好、口出惡言或者令人難以忍受，主要是因為他們對自己的能力和名聲感到不安，這就是我在第二章討論過的「可悲的獨裁者」特徵，也就是那些主宰一方小天地的人，以狹隘、惡意、有時易愚蠢的方式統治其他人。和自戀狂不同之處在於，可悲的獨裁者大多不會渴求或期待他人的讚美或奉承，不過他們確實很喜歡將自己的意志強加在他人身上，讓他們感到痛苦。有個工程師寫信告訴我，他發現很多「混蛋只是害怕某件事（或因某事而害怕），他們很典型就是城堡中的小主人，躲在城牆和護城河後面、之上，居高臨下看著所有危險生物在自己小小的辦公領域周邊的空調鄉間肆虐，有誰膽敢靠近城門，混蛋的直覺反應就是倒下滾燙熱油」。這位工程師說，他的解決方法就是改變自己的身分，「成為在城牆內的盟友，因此而躲過衝突。」他為了躲避混蛋的怒火，而對混蛋展現出同理心，尋找兩人的共通點，也就是共同的興趣，像是休閒娛樂、運動或政治（「不能是什麼不正常的興趣，像是踢小狗或者監視同事」），他說這個方法「十次裡有七次」有效，而且因為他保持沉默，又展現出同理心而非憤怒，他不但躲過混蛋的怒火，也降低自己「成為混蛋的潛力」。

用「愛的轟炸」來對付沒有安全感的混蛋是一套與前面相關也比較極端的策略，你要做的不只是表現出同理心，保持沉默，還要以溫暖及善良來回應他們的惡意，你的目標是要將欺壓你的人變成你的朋友與仰慕者。我是從我女兒克萊兒身上得到靈感，她在波士頓一家附設雞尾酒吧的餐廳當女侍的時候，遇到一個壞脾氣的土霸王，這個人是廚師，每天晚上都對著她和其他侍者投以惡狠狠的眼神與低吼，克萊兒決定要「用善良殺死他」，不管這名廚師有多討厭，她都對著他微笑，稱讚他做出美味的食物、有多麼努力工作，並且用溫暖和理解的態度回應他帶刺的話，這套「愛的轟炸」終於「擊倒了他」，不到幾個月，她說：「他就對我非常好，甚至還會給我免費食物。」克萊兒補充說：「他只是個需要朋友的傢伙。」

4. 復仇是甜美的，也可能是無用又危險的

反擊、打敗混蛋能夠滿足人類對復仇最基本的渴望，就像心理學家艾瑞克·傑夫（Eric Jaffe）的論文〈復仇的複雜心理學〉（*The Complicated Psychology of Revenge*）所說：「對復仇的渴望除了永恆沒有其他特色，以古典文學來說就是荷馬史詩和莎士比亞的《哈姆雷特》，以當代經典比喻就是《教父》中的維托·柯里昂（Don Corleone）和昆汀·塔倫提諾（Quentin Tarantino）的電影；有如聖經中以眼還眼、以牙還牙的教誨那樣古老。」對「復仇」的慾望以及隨之而來的正當憤怒，可以將決心要打倒共同敵人的人聚在一起，就像那些大學中的行政人員出其不意的扳倒他們的校長。有技巧的發生衝

突也會出現令人滿意的類似效果，例如那位領頭工程師當著「抱怨者」的面把門甩上，還為團隊多爭取到二十五分鐘，更將「執行長的親信」拉低層次。或者讀過《拒絕混蛋守則》的人可能還記得那位廣播電台的製作人，報復那個老是偷吃她東西的討厭上司，她用瀉藥Ex-Lax做了一些巧克力放在自己桌上，然後「想當然耳，她的上司經過她的位置，問也沒問一聲就吃了，接著她才告訴他裡面有什麼，『他很不高興』。」不過他再也不偷吃她的東西了。

這些例子都符合哥倫比亞大學哈維．侯恩斯坦（Harvey Hornstein）的研究，他在訪問一百名面對過濫權老闆的員工之後所下的結論是：「成功的復仇一定是**目標明確**（只針對濫權者）、**抓好時機**（發生在能夠將濫權行為與報復連結在一起的時候），而且**態度平穩**（發動及構思復仇是為了終結濫權，而非只是為了讓對方付出代價）。」如果復仇行動未能改變施虐者的行為，侯恩斯坦就視之為失敗。不過這樣的復仇或許還是能夠幫助受虐者，讓他們知道自己不是無助的腳踏墊。

以下是我最喜歡的復仇故事之一，來自《華爾街日報》的傑森・佐維格（Jason Zweig）。他站在紐約甘迺迪機場的報到櫃台前排隊，前方的旅客一直不斷咆哮、辱罵著一名航空公司員工，傑森很驚訝這名員工面對這樣的辱罵居然還能保持冷靜與專業。傑森在信上告訴我：「我永遠忘不了的是她所說的話：『喔，他要去（洛杉磯），不過他的行李將會飛到肯亞的奈洛比。』她的笑容中帶著微微但不容忽視的堅定，讓我半是膽寒半是興奮的明白她不是在開玩笑。」像這樣偷偷摸摸的復仇行動並不會改變施虐者的行為，不過能夠讓目標得到一些掌控權，從施虐者身上得到些什麼，並且從目擊者一方得到尊敬和掌聲。

但是復仇也可能反咬你一口。侯恩斯坦發現在他的研究中，有68%的復仇行為並無法阻止濫權的上司，就像我們在第五章所見，針對校園及職場霸凌的研究顯示，花費長時間思考著要報仇、而非選擇放手的人總是會受到負面效應所害，包括焦慮、憂鬱和睡眠障礙。幻想著復仇或許談起來很開心，但是我擔心在人們逃離混蛋之後過了幾個月、幾年後，還是會執著於想要報仇。一個曾經在生產線工作的工人寫信告訴我，她無法不去想著某著糟糕的老闆，那個人常常監視著她、批評她，還會為了小小違規就寫報告舉發她，她寄給我許多封長信，內容都是她幻想著如何惡整那個老闆，例如把他家的鎖都換掉，把他家的窗戶黏緊，拔掉他冰箱的插頭，還有卡住他家的電表，等四至五個月後再打電話給電力公司。即使她好幾年前就已經離開了那家有混蛋老闆的公司，但他仍然在她腦海裡折磨著她。

雖然我很喜歡傑森的機場故事，侯恩斯坦發現祕密復仇會對客戶、同事或組織造成傷害，或許會讓你心情好一段時間，不過到頭來並不會改變惡劣行為。侯恩斯坦描述一段復仇的案例，主角是一家保險公司的員工茱莉，一位新老闆在會議上當著幾位同事的面批評茱莉的工作，最後還說：「除了懶惰或者沒有能力，我想不到其他解釋。」茱莉感覺受到羞辱又生氣，於是決定報仇，她不斷修改並刪除她老闆電腦上的檔案，這樣的破壞行動讓她老闆工作速度變慢，讓她相當困擾，也丟面子。茱莉自己承認：「這麼做很幼稚也很過分。」她的老實上，執行懲罰的人會一直想著自己做了什麼，然後比那些無法報復的人心情更糟。」而且「就某個程度來說，沒有機會報復的人被迫要往前看，把心思放在不同的事情上」。卡爾斯密的團隊認為，法蘭西斯・培根爵士（Sir Francis Bacon）在四百多年前的話或許有其道理，他寫道：「耽溺復仇之人，其創長青，反之則癒而安好。」

卡爾斯密的報仇實驗所檢視的只是短時間內的事件，遊戲、違規、報仇（與否）、反應和思考都在一個小時內結束。復仇或許會產生不同的長期後果，尤其是如果混蛋感受到復仇的效果並改變了未來的行為，就像侯恩斯坦的研究顯示，如果報仇減緩了或者遏止持續的濫權行為就是有益的。

報仇也可能引發無止盡的醜惡行為，研究報仇行為的羅伯特・拜斯（Robert Bies）和湯瑪斯・崔普（Thomas Tripp）發現，想要「討公道」的衝動可能激起一輪惡意的攻擊與反擊，無論哪一邊都會認為另一方是邪惡的，不願意擔起加劇衝突的責任，而且「兩邊都會將自己的行動視為單純的防禦，是為了回應對方莫名其妙的行為」。如果你被困在這種醜惡的以眼還眼遊戲，怒火可能會延燒數月或數年，你不只傷害自己和宿敵，同時也會把其他人一起拖下水。

幾年前我跟一位顧問長談，他敘述自己公司中兩位最會賺錢的員工之間悶燒著嫉妒和憤怒，最終引爆成為公開交戰，他們在私底下互說對方壞話，也有公開衝突，結果把客戶都嚇跑了，還讓幾個他很喜歡的同事跳船離開，而這兩位交戰的夥伴身體健康也日漸衰敗。這位顧問談起這場難看的爭鬥有相當高明的見解，他說：「就像你的父母親在吵架，你不會在乎誰是對的、誰是錯的，只希望他們別再吵了。」如果你受困在這種殘暴的循環中，記得第五章中有關原諒的研究，即使折磨你的人並不值得原諒，在自己心中原諒他們或許對你來說是最好的，對你所關心的人、對那些沒有資格的混蛋也是。

5. 利用體制來改變、打敗、驅逐混蛋

在前作《拒絕混蛋守則》中，我解釋該如何設計、建立組織，不

容忍成員、顧客、學生或志工讓其他人感覺不受尊敬、受到貶低或者氣力耗盡，我讓讀者看到執行這項守則的組織如何主動招募到文明的人，教導他們以尊敬的態度對待別人，能夠做到這點的人就給予獎賞和權力，並且懲罰、最後開除那些一直違反守則的人。我聽說有十幾個公司都實行「零混蛋」或「無王八蛋」守則，包括貝雅（Baird，金融服務公司）、Concertia（雲端計算與主機）、Box（檔案分享）、Eventbrite（線上票券販售與活動企劃）、Invoice2go（小型企業發票服務）、加拿大皇家銀行（Royal Bank of Canada）、智威湯遜（J. Walter Thompson Worldwide，大型廣告公司）以及網飛等，其中派蒂·麥寇德在網飛的「人事部門」任職十四年，她告訴我她很引以為榮的是公司文化都圍繞著一句真言建立：「沒有豬頭，沒有混蛋。」

奉行這條守則的團隊或組織，體制能夠幫助人們對付混蛋，無論他們是處在權力金字塔的底部、中間或頂端。有些最棒的領袖和團隊不會把守則掛在嘴上，就只是去做，而且也不一定要由高層傳達下來，你可以跟同儕組成同盟，一起在你們所處的這塊角落執行守則，人為自己的行為負責，搞破壞的人就無處可躲，因為每個人都會表現出「我屬於此地，此地也屬於我」的態度。

如果你處在或接近權力金字塔的頂端，你就擁有很大、很大的影響力，能夠決定人們會不會覺得向體制尋求保護是安全的，或者他們會不會覺得像你這樣的領袖是混蛋、是偽君子，或兩者皆是。首先，**你必須摘除新芽中的壞行為**，就像心理學家羅伊・波梅斯特（Roy Baumeister）和他的同事在文章〈使壞比行善更強〉（*Bad Is Stronger Than Good*）中所說的，像是欺騙、懶惰、壞脾氣、發怒和不敬等各種你說得出來的負面行為，會組合成一記重擊，比起正面行為更有傳染力也更難阻止。例如，員工和主管之間有負面的互動時，比正面互動對情緒的影響要高出五倍。管理學教授威爾・費爾普斯（Will Felps）對「爛蘋果」的研究也發現，團隊中就算只出現一個扯後腿的傢伙或混蛋，業績表現就會降低30～40％，你拖得越久，情況就越糟。

一家加拿大新創公司的前任執行長寫給我的信上說：「我們的公

司處處是混蛋，上到主管，下至銷售業務都是。」幾年來，他努力對抗他們的不敬與不道德的行為，但是混蛋只會雇用更多混蛋，惡劣的行為就散播開來了，到最後他們集結起來對付執行長，說服董事會將他開除。他說：「我最大的錯誤就是沒有快點開除那些混蛋，我的同情心壓過了理智。」相對之下，貝雅的董事長保羅·普謝爾（Paul Purcell）就不只把摘除壞行為掛在嘴上，保羅告訴我，他會通知面試者，如果他發現他們是混蛋，就會馬上開除，而且他也數次這麼做了。保羅相信奉行拒絕混蛋守則有助於貝雅公司穩定獲利、成長，並且從二〇〇四年就不斷入選《財富》雜誌的「百大最佳職場環境公司」（他們在二〇一七年名列第四）。

第二，我完全支持開除不斷做出惡劣行徑、暴力表現、或者展現極度殘酷的人，但是如果你想要創造出一個地方，讓人們能夠安心承擔怪罪，還願意承認自己的惡劣行為，那麼**以禮**、**以尊敬的態度對待混蛋**嫌疑犯就很重要，這表示一開始要先跟他們私底下平靜地談話，讓他們有改變的機會，同時這表示要明白有些人不是經常表現出混蛋的樣子，但是與他們共事的人、顧客或者他們所做的工作會引發他們最糟糕的一面，把他們挪到另一個地點或團隊就會帶來很大的進步。

領導谷歌的「人力運作部門」十年的拉茲洛．博克（Laszlo Bock）記錄改變場景的價值，他在《Google 超級用人學》（*Work Rules!*）一書中寫，如果有個谷歌員工落在表現曲線的底部，也就是最低的5%，公司會給他們負面回饋，但不會馬上開除他們，而是先按兵不動以避免引起恐懼，也因為這些員工中有許多都還有救。如果把這些表現不佳的員工移動到谷歌的其他職位，通常表現都會往上爬升到公司的平均值。博克解釋，從第五個百分等級往上移到第五十個不只對挽救回來的員工有好處，對谷歌也是，因為找人、招募，以及取代現職員工都要花大量時間與金錢。博克所提供的證據不只是針對混蛋，更重要的是以禮、以尊敬對待其他人，這是雇用、評鑑每個谷歌人的要素。確實，博克告訴我，有許多落在最後5%的員工不但不知道自己的表現這麼差，對於自己對身邊其他人造成的負面效應也一無所知，而「告訴他們所處的位置，同時讓他們有機會能夠嘗試新環境，通常就足以讓他們改變行為」。

我的史丹佛同事派瑞．克勒班（Perry Klebahn）也使用類似的方法，他發現將令人難以忍受的混蛋調到不同的團隊，有時候可以引出他們善良的一面，同時也解救其他人免受他們的怒氣所害。我在史丹佛設計學院（Institute of Design at Stanford，大家都稱之d學校）和派瑞一起教授創新課程超過十年，包括有實踐性的學程，我們會把四十至六十名來訪的主管分成五至六人的小組，這些三至五天的高壓課程中包含為捷藍航空的旅客改善「機場體驗」，讓到史丹佛血液銀行的捐血人感到更舒服、更有動力，以及改善BP加油站的顧客體驗。

每一組主管都要做現場觀察和訪談、策劃解決方案，建立計畫草案，針對使用者進行測試，還有做為最終關卡，就是要向「客戶」組織的領導者和教學團隊報告他們的最佳草案。每個小組都有一個指導員帶著他們執行每個步驟，隨著課程進行，派瑞和他的同事傑瑞米．亞特利（Jeremy Utley）會仔細觀察每個小組：他們經常和指導員確認狀況，並介入協助有困難的小組。每天晚上，派瑞和傑瑞米會仔細詢問指導員並討論什麼有用、什麼沒用、他們可以如何修補。

我和赫亞格里瓦・拉歐也在《攀升卓越》書中報告，一年中會發生一、兩次，幾個小組會受到派瑞所謂擁有「自大性格」的「老大型」侵擾，我則稱之為「混蛋」。派瑞「把所有爛蘋果放在一個籃子裡」，這樣他們就不會毀掉其他小組，然後他指派一名說一不二的指導員來帶領這些爛蘋果，或者由他親自出馬（他很擅長運用嚴厲的關愛）。此舉有效，失去老大型人物的小組通常都會露出鬆一口氣的樣子，工作會做得比較好，而且對教學團隊來說，把混蛋集中在一起也比較好應付。

派瑞說有一、兩組「爛蘋果小組」會經常發生衝突、表現貧弱，但大多都會展現出健康的互動並製作出「驚人的優秀草案」。派瑞的方法必須運用權力來壓制混蛋，不過你或許能夠誘使他們一起組成團隊或聚在一起，就像羅伯特・席爾迪尼在他的經典著作《影響力》中所說的，同類的人會彼此吸引，喜歡一起打發時間。事實上，派瑞相信爛蘋果小組之所以能夠表現傑出，其中一個原因是成員們都喜歡、也能理解同伴的「老大風格」。

第三點，也是最後一點，如果你希望人們相信體制是公平、有效的，在面對最有權力、最會賺錢、最知名的混蛋就一定要**採取強硬態度**。如果你只針對表現差的人、容易取代的人，或是通報壞消息又有魄力質疑主管的人才執行守則，又容許有權力的混蛋隨意針對目標橫行霸道，人們在一哩外就能嗅出你只是個說大話的偽君子。在第二章我討論像是紐西蘭航空的羅布．費夫這樣的領導者如何保護員工，並且開除討厭的顧客與客戶來贏得他們的信任，如果你的公司只能依賴寥寥無幾的客戶來生存，要開除一個大客戶更是需要勇氣。

二〇〇八年比爾．卡莫迪（Bill Carmody）創立Trepoint數位行銷公司並擔任執行長，他就是這麼做的。來自一家大公司的潛在新客戶連絡上卡莫迪。根據《赫芬頓郵報》的部落客莫莉．雷諾斯（Molly Reynolds）報導，如果Trepoint能夠拿到這個案子，就能讓這家新創公司業績大幅成長。卡莫迪的團隊花很長的時間提出一份企畫，並為客戶添加最適合的「亮眼因素」，不幸的是當卡莫迪他們向

6. 注意貧弱或有問題的體制

在過去大概十年來，經常能夠看見許多壞消息，關於針對女性、女同性戀、男同性戀、雙性戀和跨性別者，還有不同宗教團體成員的職場霸凌、騷擾和歧視引發政治人物、律師、管理者、企業領袖，以及其他反混蛋運動分子提出（有時也會執行）立法解決，在美國五十個州都實行反霸凌法律來保護學童，聯合委員會（The Joint Commission）在二〇〇八年發布的標準，也要求全美五千六百間醫院「必須制定一套行為準則以及作業流程，以處理有干擾性及不當行為」，這些規定或許有點強制力，因為聯合委員會是美國評鑑並認證為組織與計劃健康照護的主要機構，委員會的醫療主席羅納德・懷亞特（Ronald Wyatt）在二〇一三年於「領袖部落格」（*Leadership Blog*）上發表的文章中說明這些規定，他引用證據表示不願意合作的醫生會使用「倨傲的語言或語調」，並且採取「過分的行為，例如語言攻擊和人身威脅」來威嚇其他健康照護工作者，到頭來便會直接造成「醫療失誤」。

但是，雖然我很仰慕這些許多為了法律、規定和法令而奮戰的人士，有時也想像自己是其中一員，但我對走法律途徑解決卻持保留態度。當然，法律有時有用，尤其如果你握有鐵證以及收費高昂的律師更有用，就像葛瑞琴・卡爾森控告福斯新聞時那樣，但是要記得，她說自己在採取法律行動之前已經忍受好幾年性騷擾。

就拿為了保護學童而廣為實施的反霸凌法來說，如果你仔細檢視法條，其實還滿弱的，大部分只是要求學校要有一份明定的反霸凌政策，讀起來就是空洞的修辭，缺乏合適的領袖、文化和資源來天天灌輸並執行這些法條。確實，也少有證據能夠證明這些法令確實減少校園霸凌：二〇一四年，加州大學洛杉磯分校教授雅娜・裘馮能（Jaana Juvonen）與珊卓・葛拉漢（Sandra Graham）檢視了一百四十份研究，發現大多數學校中所使用的反霸凌計畫效力都很弱，無法有效保護受害者或懲罰加害者。

更有甚者，根據職場霸凌研究所（Workplace Bullying Institute）

網站上詳細且實用的資訊指出，一直到二〇一六年十月，在全美五十州職場霸凌仍然是合法的（該研究所由蓋瑞．納米〔Gary Namie〕主持，不遺餘力倡導反職場霸凌）。換句話說，在美國，當個對誰都很混蛋的傢伙並不違法，不管遇到的人是什麼背景，這些人都把對方踩在腳底下。研究所的網站建議，如果是基於性別、種族、宗教和年齡等因素而讓你處在「受保護」團體中，或許可以利用聯邦公民權利法案來反擊，但是研究所的調查也發現，這類帶有歧視的騷擾只占所有霸凌案件中的20％，研究所並進一步警告打算採取法律行動的受害者：「由雇主律師提出的證詞（非常具有攻擊性的質疑）會讓遭到霸凌的員工受到二次傷害，許多人在這個階段就會放棄官司。你會失去隱私，欺負你的人和雇主都能看見你的健康紀錄並加以嘲笑……如果你還在考慮提告，你要面對的是一條艱難的道路，充滿針對你而來的人身攻擊。」

正如我所強調的，就算你的組織具備「官方」體制、行動與明定價值，用來預防濫權和不敬的行為，這並不代表人事、法務或高階管理部門能夠幫助你對抗身邊的惡霸。沒錯，有時候這樣的體制能夠發揮效力，像是貝雅、谷歌和比爾·卡莫迪的 Trepoint 似乎都有支持並執行這種準則的領導人，還記得第二章提到的「海巫婆」美國海軍上校荷莉·葛拉夫嗎？葛拉夫惡毒的話語和行為引發諸多抱怨以及全面調查，最後她遭到解除職務。但是更常發生的是，就算這樣的體制存在，要用來對抗大權在握的混蛋還是相當危險，就算只是提起濫權的問題就可能讓你被標上麻煩製造者的標籤，而如果你要對抗的是有影響力、懂得辦公室政治的人，就算他們的職場位階在你之下，還是能夠拉攏盟友來對付你。

有位主管寫信告訴我，她有一位直屬下屬，也就是部門祕書，如果只有她們兩人，這位祕書就會「很討厭、惡毒又不願合作」，但要是有別人在場，她就「甜得像蜜一般」。她這位不友善的祕書跟人事主管建立親近的友情，這名主管解釋說這兩人「會一起去吃晚餐，互相幫對方解決私人事務」，儘管這位主管努力想記錄並舉報祕書的不友善行為（以及能力不足），結果卻都徒勞無功，祕書一概否認而且

（在她有力的人事朋友幫忙下）逃過懲罰。

蘭斯・阿姆斯壯（Lance Armstrong）就是一個教科書案例，說明一個握有權力又低級的混蛋有能力讓膽敢掀開他醜陋真面目的人很難過日子。終於，這位七次贏得環法自行車大賽的運動明星因為使用禁藥和違規增血，頭銜遭到拔除。他多年來都否認有任何不法行為，最後才在二〇一三年一月十七日上電視接受歐普拉・溫弗瑞（Oprah Winfrey）訪問時坦承罪行，承認自己每次贏得比賽都有使用禁藥及違規方法，包括睪固酮、可體松、生長激素和輸血等等。如今阿姆斯壯遭眾人唾罵，說他是騙子、作弊的傢伙，但是更令人吃驚的是這位富有、傲慢又惡毒的討厭鬼對他的隊友、記者、曾經的朋友以及揭發他作弊行為的人所做出的傷害，阿姆斯壯與他的律師控告說出真相的人，說他們是騙子、人渣，還毀了他們的名聲與事業。

例如，二〇〇六年阿姆斯壯收到倫敦《週日時報》（*Sunday Times*）大約五十萬美金的和解金，因為該報刊登大衛・沃許（David Walsh）的報導指控他使用禁藥。二〇一三年一月，沃許同樣在這份報紙上撰文說阿姆斯壯罵他是個「人渣」與「騙子」，他說：「沃許是我所認識最糟糕的記者。」像這樣的官司與人身攻擊讓其他記者迴避詢問阿姆斯壯嚴苛的問題，或者撰寫關於他使用禁藥的報導。在阿姆斯壯的謊言遭到拆穿後，《週日時報》向他求償超過百萬美金，然後在二〇一三年八月宣布他們對於需保密的和解金額「非常滿意」。沃許終於沉冤得雪，在英國也贏得掌聲，包括贏得二〇一二年年度記者以及二〇一三年巴克禮新聞終身成就獎。

根據《紐約時報》在二〇一三年一月的報導，阿姆斯壯多年來也對貝西・安德羅（Betsy Andreu）與出威脅和貶低的評論（她是隊友的妻子，曾經作證表示阿姆斯壯在她面前承認服用類固醇）。而在前團隊按摩師艾瑪・歐萊利（Emma O'Reilly）承認曾經為阿姆斯壯的團隊攜帶藥品並銷毀證據後，阿姆斯壯罵她是妓女、酒鬼，同時也控告她，爾後在二〇〇六年撤銷告訴。不過《紐約每日新聞》（*New York Daily News*）在二〇一二年十月報導，歐萊利傷心表示「阿姆斯壯對我名譽造成的損害始終沒有消失」。到最後，阿姆斯壯被打倒了，但是許多站出來對抗他的人也付出高昂代價。

並不是只有公眾人物或主管才是危險的混蛋，正如我們所見，這些混蛋並不需要維護自己的名聲地位，他們只需要能夠召集盟友來幫他們在背後捅你一刀、威嚇你，不管是誰擋了他們的路就會散布惡意的謠言。不幸的是，被這樣的人欺壓的目標通常都有充分理由要保持沉默並忍受虐待。我無法接受，但是也很容易理解為什麼受害者困在這種糟糕情況中還能說謊，隱瞞混蛋殘酷低級的言語和行動，就像在蘭斯·阿姆斯壯身邊的許多人，他們這麼做是為了保護自己的飯碗並躲開他的報復。我支持在贏面很大或甚至在機率低的時候作戰，不過必須是在你要對付的人沒有辦法或者意圖對你造成重傷害。唉，有時候還是得低調一點、什麼都不說比較聰明也安全，等待時機就快點溜吧。

為你的尊嚴而戰

這一章教你一系列行動，既溫和又嚴厲、愚蠢又認真，而且偷偷摸摸又正大光明，能夠減少、阻止虐待，並且把混蛋趕跑，有別於前幾章所提的策略，不再把焦點放在改變**自己**而非施虐者。我鼓勵你要戰鬥，但不要傻傻迎戰，接下來的清單特別列出七種技巧，是最容易失敗、引火自焚的，**在使用前、使用中都必須極度小心、戒備**。

對抗混蛋的錯誤方法

七種容易失敗、引火自焚的技巧

1. **想到什麼就馬上去做**。你在高風險又複雜的情況下遇到混蛋，恐懼和憤怒會蒙蔽你的判斷力，此時內心的直覺可能是錯的。慢一點，冷靜一下，先跟明智的人談談該做什麼、如何反抗。

2. **就算缺乏證據或盟友，一樣直接、積極對抗握有大權的施虐者**。如果你喜歡扮演烈士或者在受虐中享受被虐的快感，這個方法或許對你有效，但若是你想要改變、削弱，或者趕走混蛋，通常沒有用。

3. **說一個混蛋是混蛋**。這對於某個你認識並且信任的人，又是私底下進行的話，或許有效，不過要先警告你：通常這麼做只會引發更多敵意。如果這麼做會讓施虐者失了面子就更加危險，而且用這個詞彙對你來說也是一招混蛋技倆。

4. **做出賭氣的、匿名的、無用的復仇**。沒有權力或勇氣去對抗混蛋的人有時會轉而使用匿名且惡毒的「報復」方法，像是刺破他們的輪胎這種輕罪。或許你會覺得心情比較好（或更糟），但是到頭來，這並不會改變混蛋的行為（除非他們抓到你並進行報復）。

5. **找個代罪羔羊**。如果你身邊都是混蛋，而你又有足夠影響力能夠打垮一、兩個沒什麼權力的加害者，就會發生這種情形。你會把猖獗的霸凌惡行怪在他們頭上，他們會受到懲罰或驅逐，你或許可以說爛蘋果已經走了，但事實是你並未修補這個體制，而且把幾個弱小的混蛋丟到巴士車底，搞不好還讓更殘忍的暴君能夠掌控大局。

6. **感染討好病**。如果欺負你的怪胎對你的關愛轟炸和拍馬屁都沒什麼感覺，或者更糟的是將之視為你喜歡他們的欺負，還想要更多，那你可就麻煩了。不過你也沒辦法，只能不斷討好、奉承他們。

7. **向有缺陷的人或體制求助**。要當心人事、法務、高階管理或執法部門的人，他們可能有強烈動機要保護握有權力的混蛋，而沒必要為你去對抗他們。福斯新聞的葛瑞琴・卡爾森就提供一則警世的故事，根據二〇一六年《紐約》雜誌報導，她向她的主管抱怨另一位主持人史蒂夫・杜斯（Steve Doocy）態度高傲時，董事長羅格・艾爾斯聽到消息，便告訴卡爾森她「太憎恨男人」，是個「討厭鬼」，「必須跟男孩好好相處」。

讀到這裡你大概也夠絕望了。不過對抗混蛋，有個我還沒提到的好處，而這個好處和前面第五章〈保護靈魂的心智控制術〉有關。無論是贏、是輸或退出，那個傢伙傷害你和你所關心的人，你挺身對抗，就是選擇要捍衛你的尊嚴與榮譽，而非任由他們踐踏——光是這點就會讓你更強悍、更堅韌。研究職場霸凌、攻擊與虐待的學者都還不知道到底什麼時候、用什麼方法來反擊是最好的，班奈特·泰普研究濫權主管行為已經有約二十年時間，但他欣然坦承：「證據基礎還是太薄弱。」不過泰普和他的同事近來針對「向上敵意」的研究非常有趣，顯然會反擊濫權上司的員工（而不只是表現出、感覺自己像個被動的受害者）覺得自己更能夠掌握命運，受到的傷害也較小。

泰普的團隊進行兩項研究，觀察員工以不同程度的「向上敵意」來回應主管，第一項追蹤一百六十九名員工，第二項則有三百七十一名，研究人員會問九個問題，看每個員工有多常「拒絕主管的要求」，問題包括直接抗拒（例如「我就說『不要』」和「我拒絕執行要求」）、被動積極的回應（例如「我不是很用心在做，然後讓我老闆知道我做不來」），還有幾種情緒抽離與輕蔑（例如「我無視我的主管」和「我沒在聽主管的話」）。

這種「向上敵意」的保護力似乎很驚人：受虐的員工如果反擊的力道比較強，就比較不會把自己看做受害者，對工作和職業更為滿意，心情不會太低落，而且對組織投入更多心力。泰普及他的同事相信，與濫權主管互相角力並頑強抵抗的員工會比較好過，因為這些行為讓他們自己和其他人知道他們很堅強，並且決心捍衛自己的尊嚴，他們不願保持被動、沉默、脆弱，就算他們的老闆會取笑他們，說他們是笨蛋又無故責怪他們也沒關係。

這表示雖然你在挑起戰火時還是必須小心，但是反擊的獎勵或許不僅限於改變、擊退、打敗並驅逐困擾你的混蛋，這麼做能夠提升你的尊嚴、榮譽，感覺更能掌控命運，不再覺得自己是個無能為力的受害者，就算你無法贏得戰爭也一樣。

重點回顧

▼三種反擊可用資源

- 第一種反擊的資源是你跟混蛋相比起來擁有多少**權力**？你的權力越小，你的選擇也越少，並且要面對更多風險。
- 第二種資源是**紀錄**。證據越是無懈可擊，越能避免「各說各話」。
- 第三種資源就是**團結**。有盟友就擁有更多力量

▼六種對抗混蛋的策略

- 冷靜、理性並公正對抗。
- 積極對抗。
- 愛的轟炸及拍馬屁。
- 復仇是甜美的，也可能是無用又危險的。
- 利用體制來改變、打敗、驅逐混蛋。
- 注意貧弱或有問題的體制。

▼七種容易失敗、引火自焚的技巧

- 第一時間想到什麼就馬上去做。
- 就算缺乏證據或盟友，一樣直接、積極對抗握有大權的混蛋。
- 說一個混蛋是混蛋。
- 做出賭氣的、匿名的、無用的復仇。
- 找個代罪羔羊。
- 感染討好病。
- 向有缺陷的人或體制求助。

▼以不同程度的「向上敵意」來回應主管，而不只是表現出、感覺自己像個被動的受害者，會覺得自己更能夠掌握命運，受到的傷害也較小。

7

成為解決的方法，而非問題

《職場零混蛋求生術》的寫作目的就是要提供策略，幫助人們逃過、忍受、對抗並打倒那些視他們如糞土的人。所有的故事、研究和建議中都包含一個簡單的概念，貫穿整本書：雖然我們人類有時候表現的方式有點奇怪，但是我們都希望在人生中遇到的混蛋越少越好、盡量不受混蛋荼毒，也希望我們所關心的人能過著這樣的生活，而且我們更不想要表現得像個混蛋，或者背負著混蛋的名聲。就像有個讀者在信上寫道：「不會有人臨死之際還說：『我希望自己更惡毒一點。』」

因此，拒絕混蛋守則成了個人哲學，形塑你看待生活的觀點、你採取的行動，還有你如何評斷自己，而不只是針對團隊和組織。這也不只是拿來說說而已的哲學，更代表要採取具體步驟。如果你希望成為解決方法的一部分，而非問題分子，學會以下七個重點非常有用。記住實踐這門哲學的意義，就算每天的日常生活有多少喧鬧紛擾，而我們生而為人又有多少缺陷和偏見。

拒絕混蛋的七個重點

1. 遵守達文西規則

主廚安東尼・波登出版直言不諱的《廚房機密檔案》（Kitchen Confidential）而聲名大噪，也主持電視節目介紹前衛食物和旅行，他以一個問題定義自己的成功：「我喜歡跟我相處的這個人嗎？」然後他在二〇一六年告訴 Inc. 撰稿記者：「我憑著一條規矩在這一行生存，我稱之為零混蛋守則，這很重要，我真的喜歡跟我一起工作的每個人。」波登解釋執行這條規矩是什麼樣子：

> 我們到洛杉磯跟這個傢伙見面，他提議要幫我們開一個電視節目，合約金高到讓我們就像龐德電影裡的壞蛋那樣有錢，就是可以買直升機的那種有錢。會議順利得不可思議，後來我們一起站在停車場裡，互看一眼，然後我說：「如果晚上十一點電話響了，你會希望是那個混蛋打來的嗎？」我們的反應都是：「才不要！」

這條哲學的意思是，如果你走進混蛋的巢穴裡，就要想盡一切辦法趕快逃出來，或者更好的是，一開始就該想辦法別走進他們的窩裡。我稱之為「達文西規則」，因為李奧納多．達文西曾這麼說：「一開始就拒絕，總比最後才來做簡單。」波登就是這麼做的。這條規則也具備有力的社會心理學基礎，正如我在《拒絕混蛋守則》中寫的：「人們在某事上投入越多時間與心力，不管那件事有多麼無用、無能，又或者可能是非常愚蠢，他們就更難抽身離開，無論是糟糕的投資、有害的關係、遭剝削的工作，或是處處有狐假虎威之人、惡霸和王八蛋的職場。」

2. 不只保護自己，也保護別人

就像華頓商學院教授亞當．葛蘭特指出，最有禮貌、最有建設性又成功的人，往往是給予者，而不只是受惠者。正如你需要其他人在你表現出混蛋行為時對你說實話，有時也要保護你不受惡意之人所害，因此回報他們的恩惠才是明智之舉。當然，如果你擁有權力能夠執行拒絕混蛋守則，要保護別人就簡單多了。記得貝雅董事長保羅・普謝爾對面試者的警告，他會開除混蛋；也要記得我的史丹佛同事派瑞・克勒班，他會將團隊中令人難以忍受的混蛋調走，把所有爛蘋果放在一個籃子裡。

你也可以利用自己的影響力來制定規範，要求人們和善有禮。根據喬治城大學教授克莉絲汀・博拉斯的描述，總部設在美國路易斯安那州的奧許納健康系統（Ochsner Health System）訓練超過一萬一千名醫師、護理師、主管和行政人員，要他們遵守「奧許納十／五原則」，也就是說員工應該對在他們十呎範圍內的病人或員工微笑並有眼神交流，對在五呎範圍內的任何人打招呼。博拉斯在研究報告中表示，整體的禮貌程度改進了，病人滿意度提升，病人也更樂意推薦給親友。

就算你不是當家老大，還是可以跟工作場合的其他人一同打造安全的避風港，讓有受欺負風險的同事可以尋求保護與支持。有位醫院行政人員寫信告訴我，有無數混蛋在她工作的醫院走廊上肆虐，她和同事如何保護新進人員不受傷害，我很敬佩她們翻轉「混蛋早期預警系統」：

我們也找上通常不會是混蛋的員工，在他們的識別證上貼一張小貼紙做記號，然後告訴新來的員工和醫學生可以找這些人幫忙。這些職員都同意並願意提供協助、回答問題，而且很好辨認。如果你是新來的，不知道有問題的時候該問誰，這麼做就能讓他們不再猶豫（也不必冒險被叮得滿頭包）。

實踐這門哲學也代表你受困在混蛋堆中，既然逃不了也改變不了他們，你願意負起責任，不會染上他們的症狀再去感染其他人。就算你無法保護自己，也可以找到方法打破霸凌的循環，這樣下一代就能倖免於難。有一位聲望頗高的醫生在信上說，二十多年前，他還是一家菁英常春藤盟校醫學院的外科住院醫師，他「每天都會目睹令人難以置信的心靈酷刑」，劊子手就是那些訓練他的資深或外科主治醫師。他和其他受虐的同僚進行一項小小儀式，如今回頭看來，他們相信那麼做讓他們免於成為指導醫師那樣的混蛋：

> 我們身為住院醫師，在撐過艱困的一週工作後，每週五都會在一家附近的酒吧碰面喝幾杯啤酒，我們在一本皮革面的筆記本上做紀錄。快樂時光的重點就在於提名並選出「本週主治混蛋」（Attending Asshole of the Week, AAOTW），每個受委屈的人要描述自己跟某個主治醫師交手的過程，才能獲得「本週混蛋」的提名資格，接著我們會投票，「得主」的名字就會被寫進筆記本裡，同時筆記中也會記錄「混蛋事蹟」的簡短概要。

外科醫師解釋說，這項儀式不只是「婊子抱怨療程」，「我們知道混蛋行為對我們的專業會造成多大損傷」，他寫道：「我們發誓不會模仿每天都遇到的病態行為。」如今經過二十多年，這群前住院醫師都站上備受尊敬的職位，許多人主持研究計畫和擔任部門主任。他補充：「我可以很驕傲的說，週五俱樂部的每個人在主導訓練計畫時都執行著不成文的『拒絕混蛋』規定。」

3. 利用「班傑明．富蘭克林效應」把混蛋變「朋友」

還記得第一章最後的那句真言嗎？「先不要給他人貼上混蛋標籤，先一步承認自己是混蛋。」在跟某人見過一、兩次面，而對方總是侮辱你、貶低你，或是把你當隱形人一樣，你很容易就會下結論認為自己面對的是一個認證型混蛋，畢竟惡劣行為總是比善良行為更討厭、也更容易記得，一旦你開始懷疑某人是混蛋，或許就只會專注在他們的惡劣行為上，而如果你也用不友善的態度回應，就可能引發敵意的循環，讓你們兩人都表現出混蛋的樣子，因此你原先對某人的假設就成為自我實現的預言。

尤其對於總是板著一張臉（但內心善良）的人更容易做出這樣的結論。在第五章我建議可以使用一套實用的重構策略：「為惡魔感到同情」，告訴自己那個混蛋是「一隻擁有黃金之心的豪豬」，或者用科技宅的話來說，是「一使用介面很糟的優秀作業系統」。這樣的想法有時候其實說得還滿對的，而不只是要對付惡霸或小人的心智控制術，因此在你給某人貼上混蛋標籤之前，先想想其他可能的解釋，對你、混蛋嫌疑人和你身邊的人都有幫助。

除了驟下結論，如果別人真的視你如糞土，或許你可以試試我們在第六章提過的用愛轟炸來扭轉情況，不厭其煩的以溫和有禮的態度應對他們的惡毒，看看他們是否會對你比較好，就像我的女兒克萊兒在她工作的波士頓餐廳那樣改變壞脾氣的主廚，更棒的是，除了你的溫暖和稱讚，再加上請他們**幫你**一、兩個小忙，這個策略很像是作家大衛·麥瑞尼（David McRaney）口中的「班傑明·富蘭克林效應」，因為根據幾項實驗指出，我們若是為某人做了好事，就會慢慢喜歡對方；若是我們對某人不甚友善，就會不喜歡他們。

麥瑞尼在他的著作《你沒有你想得那麼聰明》（*You Are Now Less Dumb*）中描述，富蘭克林年輕時很努力要克服自己樸實的出身以及缺乏正規教育的問題，有一位富裕而受過教育的同僚（他在文章中並未寫出對方姓名）發表長篇大論，抨擊富蘭克林的行為與動機。富蘭克林非常憤怒，但是他並未反擊這股怒火，根據麥瑞尼的解釋，富蘭克林反而將「討厭他的人變成喜歡他的人」：

> 富蘭克林是出了名的書籍收藏家，還創辦一間圖書館，因此眾人都認為他具有挑剔的文學品味，於是富蘭克林寄一封信給這個討厭他的人，詢問自己是不是能從他的藏書中借一本特別的選書，那本書「十分罕見又有趣」。敵人感到受寵若驚，馬上就把書寄給他，一週後富蘭克林把書寄還，附上一張感謝的字條，任務完成。下次議會開會時，那個男人頭一遭主動走向富蘭克林並與他交談，富蘭克林說那個人「從此隨時隨地都願意聽我差遣，所以我們成為最好的朋友，友誼一直持續到他死去那天」。

我第一次讀到這種班傑明．富蘭克林效應是在瑪麗亞．波波娃（Maria Popova）所經營「大腦刺激」（*Brain Pickings*）這個超棒網站上。波波娃闡釋這套策略之所以有用的原因，也能夠用來解釋為什麼你會把其他人當成混蛋、為什麼他們認為你是，又該如何翻轉隨之而來的敵對情緒和行為：「富蘭克林的仇敵是這麼一回事——他發現自己對富蘭克林做出善意的行為，而他為了對自己解釋便描繪出最有可能的故事，那就是他這麼做是出於自願，因為他其實喜歡富蘭克林。」

聽起來或許很蠢，但是不管某人有多不喜歡你、對你做出多麼不屑的行為，只要你能夠引誘他們對你付出一點點善意，他們或許就會改變態度。這個教訓也能反過來使用：如果你想要減少自己對其他人造成的痛苦，可以先從對你的目標略施小惠開始，對他們說些好話，在他們背後為他們做些好事。這樣的策略會造成令人不安的認知分歧，在人們改變行為的時候，他們的判斷和感覺通常也會跟著改變，好對自己和其他人合理化自己的行為，所以麥瑞尼是這麼建議的：「最重要的是要記住，你所造成的傷害越多，感覺到的憎恨也越多；你所展現的善意越多，就會越喜歡那些你幫助的人。」

4. 照照鏡子——是否有部分問題出在你身上？

「每個團體都有一個混蛋，如果你看看周圍卻沒看見，那表示混蛋就是你。」我想我是從喜劇演員克雷格．費格森（Craig Ferguson）聽到這個笑話，他是哥倫比亞電視（CBS）節目《深夜秀》（*The Late Late Show*）的前任主持人，這個笑話是個很不錯的提醒，如果你是個混蛋，有時候最不可能發現這點的人就是你；如果你覺得自己被混蛋包圍了，就算問題有一部分（或全部）出在你身上，要你對自己或其他人承認這點也不容易。因此，就在我們在第一章最後看到的，有超過50%的美國人說自己曾經遭遇或目擊持續的霸凌行為，但卻只有不到1%的人承認做過，這些數字根本不相符。外頭有一大堆混蛋根本不承認自己犯了什麼錯。

唉，我們人類很容易會陷入否認與幻覺，經常不了解自己的缺點，而就算我們真的承認自己有所缺失，也低估其嚴重性和負面效應，我已經討論過過度自信的詛咒，諾貝爾得主丹尼爾．康納曼也相信這是最具破壞性的人類偏見，我們總習慣戴著玫瑰色眼鏡來看自己，其他認識我們的人（就算只有一點點）對我們的優點以及（尤其是）弱點通常會有更好的評斷。心理學家大衛・鄧寧（David Dunning）和賈斯汀・克魯格（Justin Kruger）進行、啟發十幾項研究，發現表現不佳的人特別容易產生錯覺：他們會高估自己的能力，包括邏輯推理、文法、幽默、辯論、訪談、管理和情緒技巧；事實上，他們的技巧越差，包括人際互動技巧，就越容易在心中誇大自己的技能。

如果你覺得自己是個文明人，卻似乎走到哪裡都會遇到混蛋，照照鏡子吧，你可能就會看見罪魁禍首。記住，把別人踩在腳下容易讓別人用欺負你的方式討回來，就想我們在研究濫權主管和職場攻擊時看到的，回敬火力會刺激到目標。我在出版《拒絕混蛋守則》後發生了一次非常詭異的會面，我在一場史丹佛創業精神會議上遇見一位名聲響亮的律師，他告訴我他很喜歡那本書，向我吹噓著他是如何奉行這條規則，也很自豪的一點是，即使他每天都要應付無數粗魯而自私的人，他仍以完全的尊重相待。

我聽到他說的話感到非常震驚，因為他就是我在書裡提到那個想聘請我太太瑪麗娜的律師（只是我沒告訴他），我太太拒絕了，因為有一個他過去的合作夥伴告訴瑪麗娜他是個火爆的混蛋（還說了許多故事來為自己背書）。想當然耳，我在《拒絕混蛋守則》書裡也說，這位律師知道瑪麗娜拒絕之後就打電話來「大發雷霆，批評她的決定並逼她說出是誰在公司內部出賣了他」，她的回應是「你這通電話的行為正好證實我做這個決定的原因」。那位律師並沒有把我和瑪麗娜連結起來，因為那件事已經是好幾年前發生的了，而且瑪麗娜和我使用不同的姓氏。不過他似乎恰恰代表所有一無所知的混蛋，他們不知道自己對待他人有多糟糕（或者他們認為自己太有遠見、太聰明了，所以他們的，也只有他們的惡劣行徑應該可以被容許），就這麼過著日子，絲毫不知別人丟回來的正是他們丟出去的狗屁鳥事。

人類傾向建立出扭曲且過度正面的自我形象，而且會否認、忽略或者從來不去注意有關自己的負面訊息，這表示對我們大多數人而言，要面對自己表現得像個混蛋並著手解決，或者是鼓勵其他人這麼做，就必須克服這種無比強烈的偏好。就像哥倫比亞大學的心理學家海蒂．葛蘭特．哈沃森在她的著作《沒人懂你怎麼辦》（*No One Understands You and What to Do About It*）中所說，自我覺醒的關鍵並不存在於我們的腦中，而是要發現並接受**其他人**如何看待我們，即使真相很傷人。哈沃森發現我們看待自己與他人看待我們之間的差距越大，我們與他們的關係通常就越糟，因此能夠理解他人對我們的看法有很大的好處。我們在生活中所遇見的人通常都同意彼此對過往作為的看法，並且認為我們未來的行為或許也是如此，他們的判斷通常會比我們的自我評估更準確。這告訴我們，如果你想知道某個人是不是混蛋，直接問他們是最糟糕的方法。

但是自我覺醒之路說來容易，行動卻很困難：你需要了解你又不會用糖衣包裝真相的人，向他們尋求實在的意見並接納。如果他們給你壞消息，要感謝他們也不要爭辯，試著不要一臉憤怒或頹喪，而且如果你有自戀傾向，接下來這點尤其困難：努力不去認為他們好像背叛你，讓你要躲著他們，或者更糟的是要執行報復。

一位說實話大師就對我這麼做了。彼得・葛林（Peter Glynn）擔任系主任五年，他是一位謙遜無私的加拿大人，對於禮貌和公義有非常強烈的主張。我曾經有個學生在課堂上會做許多不相關的評論，其他學生也對他有諸多抱怨，說他表現不佳、態度惡劣，在這名學生繳交一份糟糕的報告後，我寫給他一封信大發雷霆，內容已經遠遠超過只針對功課的評論：我質疑他的品行不佳，還暗指他懶惰又無知。這名學生把我的電子郵件轉寄給彼得（這麼做是應該的），他把我叫進辦公室，告訴我任何教職員都不應該用這種態度對待學生，並要求我馬上向這名學生道歉。彼得是對的，我大方向學生道歉，並且感謝彼得斥責我那封惡劣的電子郵件。當時與彼得談話相當難受，那就是實踐拒絕混蛋守則的樣子和感覺，真相很傷人，不過要是人們不願意或無法說出口或聽到實話，事情還會更糟。

我在史丹佛的同事赫亞格里瓦・拉歐認為，許多成功人士的配偶或夥伴都會在他們表現得像個混蛋或笨蛋時提醒他們，就算是其他朋友、同僚和追隨者都害怕說出難聽話的時候。還記得邱吉爾夫人克萊曼婷在一九四〇年寫給他的信，那是英國在二戰期間局勢最為黯淡的時候，不過克萊曼婷並未有所保留：「我必須坦白說自己已經注意到你的為人越來越惡劣，而且也不如過往那樣和善。」

拉歐進一步推論，如果有力人士的兒女正處於青少年時期，他們也比較不會表現傲慢自大，因為不管他們的下屬和仰慕者如何逢迎奉承，他們家中的青少年每天都會毫無猶豫的指出他們的缺點與弱點。研究學者尚未測試過這項假設，不過我向領導者提出這點做為驕傲自大的可能解方時，他們都大笑點頭，告訴我他們的小孩如何把他們從高高在上的位置拉下來。

如果想降低自己苛待他人的風險，可以尋求並聽取值得信任的人對你說的實話，並且回想自己過去的行為，找出在哪些狀況下會引出你最糟糕的一面。查看接下來的列表，表上列出十二種研究學者找出的風險因子，這些是常見的「阿基里斯腱」，會讓人表現出或者被他人視為無禮的樣子、過度攻擊性、好施虐的，以及惡霸行為，並且要想想哪些因子特別容易讓你內心的混蛋探出醜惡的頭來。

你的阿基里斯腱在哪裡？

容易讓人表現並被視為混蛋的因素

1. 你身邊有一大堆混蛋。
2. 你有權力指揮其他人，特別是你曾經權力很小的話。
3. 你處在權力金字塔的頂端，競爭意識很強，覺得受到明星下屬的威脅。
4. 你很有錢。
5. 你被視為「冷漠」的人。
6. 你工作得比別人認真、犧牲得更多，也經常讓其他人知道自己的犧牲。
7. 你是個「納粹總管」，總是堅持己見，嚴格遵守規定並要求其他人照做。
8. 你睡眠不足。
9. 你要做的事情太多、要想得太多，似乎總是匆匆忙忙。
10. 你經常會想盯著智慧手機看，就算知道你應該練習自我控制，仍無法抵抗這股衝動。

11. 你身為男性，上司卻是女性。或許你是特例，但研究學者發現男性通常在面對女性上司時比男性上司更會感覺受到威脅。

12. 你對大多數事情都傾向批判、負面態度（有些人會像這樣）。

有三種風險因子特別常見、特別有影響力，我已經提到第一個。如果你身邊都是混蛋，就很可能染上這種病，因為這類惡劣行為的傳染力非常強。想想第四章提到崔佛．福克及其同事的研究，顯示出無禮行為如何像是普通感冒一樣散播開來，他們讓實驗對象在七週期間參與十一種模擬協商情境並追蹤觀察，而實驗對象就算是只面對過一個無禮夥伴，也有可能會成為「帶原者」，在下一次協商（與不同的夥伴）時表現無禮。想像一下，如果你每一天、一整天都身處在一堆混蛋當中，這樣的效應會有多強烈。因此，和混蛋相處或共事才會這麼危險，你或許會發誓絕不遭到感染，或者要改變身邊混蛋的行事風格，但如果是你要對上一大堆混蛋，比較可能的情況是你會越來越像他們，而非相反情況。我們人類會自動且不自覺開始模仿身邊人們的臉部表情、語調和用字遣詞，如果你身邊都是混蛋，要是不回敬火力的話通常很難生存下去。

我們也已經讀到，有些人（特別是那些擁有馬基維利式性格的人）什麼也不懂，他們會把你的善良與配合當成示弱的表現，而不是應該回報的恩惠。班奈特．泰普最近的研究也暗示會逼退濫權主管的員工，包括那些公開拒絕他們的命令和要求的人，通常心理健康狀況比較好。

尤其是如果你處在《蒼蠅王》（*Lord of the Flies*）這樣的情況下，四處都是殘忍惡行、背後捅刀和自私自利，披上一層惡毒的保護外衣或許是你能夠撐過大屠殺的唯一方法。有一位專案經理在信上告訴我，在他之前任職的地方，「混蛋生混蛋」，管理高層最喜歡的下屬「就像他們一樣討厭又傲慢，對著位階比較低的員工發脾氣，為了自己的目的而把他們當犧牲品」，這位經理承認「這讓我成為一個混蛋」，他「經常大發雷霆、咄咄逼人，令人難以忍受」，因為「好像只有這麼做才能夠把事情做好」。當然，日復一日對抗混蛋必須付出可怕的代價（就算你表現得也像個混蛋）。那些「惡夢、壓力與挫折」讓這名經理決定辭職，轉到一家「嚴格執行拒絕混蛋政策」的小公司，而他的朋友與家人都注意到他變得「更和善、更冷靜，也更有自信」。

有權力指揮他人，是第二個讓你最終會開始把別人踩在腳底下的風險。加州大學柏克萊分校的戴曲爾・克爾納教授投入超過二十年時間，研究有權力指揮他人以及單純感到大權在握會造成什麼影響，而研究結果並不樂觀。不管你過去有多麼和善、配合、有同理心，克爾納和其他心理學家指出權力會減少你對其他人的同理心、更容易剝削他們、更注重自己的需求而少理會他人的需求、表現無禮及不敬，且一副你什麼規矩都不用遵守的樣子。

舉個例子，克爾納在報告中指出，有錢人比較容易具有這樣的負面傾向，因為畢竟富有就代表你的社會地位較高，有能力影響他人，也得到較多你想要的東西，這一切都是權力的元素。在一項研究中，克爾納的學生在一個忙碌的四向停車再開路口觀察柏克萊駕駛人的行為，這裡的車流量及行人數目都很高。這些研究人員發現，駕駛最便宜車輛（例如一台老舊的道奇柯爾特）的人比起其他駕駛人，只有不到10％會在十字路口插到其他車輛前面，而且一定會停下來等行人通過；另一方面，駕駛最昂貴車輛（例如一台新的賓士）的人大概有30％會插到其他車輛前面，而且幾乎有一半都不會停下等行人通過。

如果你想避免權力的毒害，身邊有一個會說實話、壓低你氣焰的人非常重要，就像溫斯頓・邱吉爾的夫人克萊曼婷，以及我的系主任彼得・葛林。其他的解藥包括練習謙遜，歸功於其他權力較小的人，讓地位較低或沒有你富裕的人為你做決定，施予恩惠，以及表達感激——這概念是要讓其他人覺得比較有權力、地位較高。還有運用班傑明・富蘭克林效應，試試看改變行事方式，讓你不會認為自己比其他人類更「高」一等，而是一個經常有意識去考慮到其他人的感覺和需要的人（不是只想到自己）。

知名的創新設計公司ＩＤＥＯ執行長提姆．布朗（Tim Brown）示範該如何做到這點（基於充分揭露原則，我必須說：我是ＩＤＥＯ的合作夥伴，有時也跟他們的客戶共事）。我最早曾經在二〇一〇年在我的部落格「工作很重要」（*Work Matters*）上寫過，我拜訪ＩＤＥＯ在帕羅奧圖的辦公室，走上樓到公司中許多資深主管工作的樓層。我走過轉角發現提姆．布朗就坐在前面，通常在大部分辦公室裡那是接待員的櫃檯，沒有什麼守門員擋下同事或像我這樣突如其來的訪客，不讓我們走上前去打斷他。我以為是出了什麼錯，因為我上次來訪時，提姆在這個樓層有一間私人辦公室，我問他為什麼不在自己的辦公室，他解釋說自己捨棄辦公室挪到這個地方，讓他變成「該樓層最公開的人」。

提姆告訴我大部分ＩＤＥＯ的資深主管也都搬出他們的辦公室，如果有需要私下談話的時候，現在有許多小型會議室可以用（也就是他們的舊辦公室）。他又補充，自己在二〇〇五年成為執行長時，是在他公司工作這麼長時間第一次擁有自己的辦公室，他覺得

「有一點尷尬又苦惱」，過一陣子，他和其他人試了不同的方法，他們會待在開放空間，交談變得更輕鬆，隔閡也比較少。提姆強調，他的工作「就是要認識人們以及他們工作的方式」，而且他說：「坐在私人辦公室裡，我學不到太多東西。」

從提姆的故事我們所學到的，並不是說每位資深主管都應該搬出辦公室，開放式辦公室也有許多缺點，尤其是組織裡充滿混蛋的時候（沒有牆壁就比較難躲著混蛋），無法阻止人們大聲及打斷談話，而且要開會以及進行私下談話時就沒有什麼空間可用。我們要學的是找到辦法，拉近你和其他人之間的「權力距離」，不只能夠降低他們的壓力，也能提升他們的貢獻，同時會改變你看待自己的方式，避免你表現出自私惡霸的行為。

努力拉近無謂的權力差距，也能體現在有力人士對其他人所說的寥寥幾句話上。有個讀者在信上告訴我一段迷人的例子，故事發生在久遠的一九七一年，她當時在一部電影中當臨時演員，導演是已故的彼德·烏斯蒂諾夫（Peter Ustinov）。她如今想起這件事，心中還是暖暖的：

我有一天剛好有個機會跟他說話，不過他先開口問我了：「妳是誰？」（真的不是普通可怕）然後我回答：「喔，誰也不是，我只是個臨演。」他給我的回覆實在是非常貼心：「年輕人！沒有臨演和觀眾就沒有電影！」我想這是我從一個領導者口中聽到最聰明的一句話了，從此我把這句話用書法字寫下來掛在牆上。

超載是第三個大風險。匆匆忙忙、有太多事情要做，還有太多讓人分心的事情，就算是最有禮貌的人都有可能因此變成混蛋。克莉絲汀．博拉斯從各個產業中調查上百名員工，發現有超過50％的人都承認自己有時候在工作上會展現出不禮貌的行為，這些怠慢行為包括沒有說「請」和「謝謝你」、在會議中寄出電子郵件或簡訊，還有貶低他人。她在二〇一五年於《紐約時報》上寫道：「超過一半的人承認是因為自己大腦超載了，還有超過40％的人說，他們沒有時間當好人。」當我跟經理與主管們談起超載問題時，他們都指出會議是一個主要的罪魁禍首。如果你想讓會議時間縮短同時仍能保持效率，可以試試看站著而非坐著開會：一項實驗發現，站著開會的團體比起坐著開會的團體，做出決定所需的時間減少了34％，而且決策的品質並未降低。

而且最好乾脆都不要開會。二〇一三年在Dropbox實行一次「會議末日」（Armmetingeddon）大清空，示範如何執行這件任務。我有一位愛徒蕾貝卡・辛茲（Rebecca Hinds）到Dropbox任職後告訴我這件事，然後我們進一步調查，後來蕾貝卡和我在Inc.上報導，這家快速成長的檔案分享及儲存公司飽受超載問題肆虐的困擾，人們的工時長到讓人抓狂，變得脾氣暴躁又睡不飽，而且老是趕不上截止期限，造成惡性循環。一部分的問題就是人們花在開會的時間越來越長，而且每場會議的參加人數也暴漲，於是高層主管指示ＩＴ人員進入每個員工的線上行事曆，然後刪掉所有即將到來的會議（與客戶的會議除外），ＩＴ也讓這些行事曆上整整兩週都無法再新增任何會議。

Dropbox每個員工都收到一封電子郵件，主旨上寫著吹起戰鬥號角的「會議末日降臨了」，宣告這場清空行動。這場「會議減法」迫使員工去思考他們對自己和對其他人所造成的超載，在他們手動將每場即將到來的會議重新輸入行事曆時，被要求思考他們是否需要這場會議？是否可以降低頻率、縮短時間？或者不必太多人參與。Dropbox也引進相關的工作守則來減少超載，包括建議每場會議的上限人數為三至五人，並且鼓勵員工在會議途中如果不再有貢獻或學習到新東西，也就是沒有理由繼續待下去時就可以直接離開。

同時間進行多樣任務，檢查電子郵件，還有使用智慧型手機或許都是造成超載的原因，對我們大多數人來說，甚至更勝於無謂的會議。這些現代的必需品也是成癮症，可能會讓我們態度唐突、把別人當成隱形人一樣，而且太少把注意力放在我們的同事、朋友和家人身上。我們灌注太多注意力在臉書、推特、Snapchat、Instagram、電子郵件等，無法拒絕這些產品的誘惑。二〇一六年四月，「每日科學」網站（*ScienceDaily*）報導，他們針對全美一〇〇五名成人調查其禮貌程度，發現幾乎所有美國人（93％）都說禮貌在美國已經成為問題，而超過50％的人指出網路和社群媒體就是主因（排名只遜於無禮的政客）。

要討論如何克服這種電子誘惑，我們每個人都必須練習控制自己，如果可以敦促彼此關掉手機、放到一邊會很有幫助。制定規則約束自己，如果可以的話也約束他人，有助於避免「智慧型手機注意力不足症」。二〇一四年，克里斯．弗萊領導推特的工程部門，他對於高層團隊老是盯著智慧手機看感到很困擾，覺得這樣降低會議中的交流程度，也很沒禮貌，克里斯也擁有認知心理學的博士學位，相當清楚許多研究都指出智慧手機可能會讓我們變成愚鈍的生物，工作表現越來越差，對其他想法和感受的注意力也減少。於是克里斯執行一項政策，要求團隊成員在會議期間要把手機交給執行助理保管，他的一位團隊成員甚至發一則推文說：「@chfry 規定手機必須在會議開始之前交給 @rjsanjose 保管。」還附上一張六支手機排放在桌上的照片。

5. 在你表現出混蛋樣子的時候道歉，但一定要是真心的，而且好好道歉

有時候奉行拒絕混蛋守則就表示，如果你也視別人如糞土的時候，你會覺得應該要道歉。一份措辭恰當的道歉有助於減輕目標的痛苦，修補你們的關係，包括對方還有你所冒犯到的旁觀者，改善你的名聲，還能刺激你探索心靈深處，讓你能夠從自己的錯誤中學習。現在來看看該怎麼做：

二〇一六年六月，電影導演約翰．卡尼（John Carney）躍上報紙頭條，並在社群媒體上飽受批評，因為他貶責女演員綺拉．奈特莉（Keira Knightley），她參演過卡尼在二〇一四年的電影《曼哈頓戀習曲》（*Begin Again*）。卡尼指責奈特莉走到哪裡都有一群跟班跟著，搞到「很難真的把工作做好」，他還說她不會唱歌，又抱怨：「我再也不會跟超級名模一起拍電影了。」幾天後，根據「沙龍」網站（*Salon's*）報導，卡尼發出一則推文說：「來自一個覺得自己是超級大白痴的導演。」並附上一篇完美的道歉文：

我說了許多有關綺拉的事情，不但可悲、惡毒而且很傷人。我很羞愧自己居然會說出這種話，也努力承擔起人們對我所說的一切。為了要在自己的作品中尋找缺點，結果我卻怪到別人頭上，這不只是糟糕的導演行為，還非常無情，我並不以此為榮，這麼做既傲慢又無禮。綺拉在拍攝期間絕對表現專業而投入，這部電影的成功很大部分要歸功於她。我已經親自寫信向綺拉道歉，但是也想要公開且毫無保留的向她的影迷、朋友及其他我所冒犯的人道歉。我永遠都無法合理化自己的行為，也絕對不會重蹈覆轍。

這份道歉文中顯然語氣誠懇且謙卑，不過我們要利用研究好的道歉與壞的道歉有何差別來理解其中的微妙之處，而且一定能學到更多。根據俄亥俄州立大學的羅伊．利威基（Roy Lewicki）及其同事的研究，卡尼的道歉中包含一則好的、有效道歉最重要的元素——他顯然知道自己做錯了，這是個錯誤，他承擔完全的責任，並且毫無躲避的意思。卡尼並沒有犯了最經典的錯誤，也就是為了**她的**感受道歉，或者說些很遜的話，像是「如果我說的話讓你感覺很差，我很抱歉」。他為自己的行為負起責任，說他的話是「可悲、惡毒而且很傷人」，這篇道歉文也包含利威基研究中認定的好道歉所具備的第二重要元素——卡尼盡力做出彌補，他先是私下向她道歉，然後在公開論壇上道歉，又稱讚她的表現。

卡尼又發了三則有用的推文。根據研究，這些文字有幫助，但對一個好道歉而言較不重要：他表達悔恨，努力解釋為什麼會發生這種事（因為他對自己的作品有不安全感），懺悔後又保證會改變自己的行為，表示這種事情他「絕對不會重蹈覆轍」。他的道歉中也沒有利威基團隊認為一則好道歉中最不重要的部分（雖然也不見得會造成損害）——他並未要求原諒。我猜這是卡尼希望得到的，但是覺得最好不要開口，畢竟這是綺拉的決定，而非他應該要求或堅持得到的。

雖然道歉有眾多好處，但我還是要提出兩點警告。第一，如果你覺得某人視你如糞土，要求他們向你道歉很少有用，因為有太多混蛋根本毫無察覺，他們或許會回答說，**你**才應該向他們道歉（而且可能說的對），而就算你重重恫嚇他們，讓他們屈服而向你道歉，也不可能是真心的。

第二，如果你發現自己一而再、再而三為了混蛋行為道歉，該是停止的時候了，這或許顯示出你用道歉來代替學習教訓並收斂行為，而且你的道歉對受害者的影響也會降低，因為他們會厭倦這樣的循環，先是受虐、道歉，接著是更多虐待，再來又有更多道歉。我在第四章中寫到的那位博士生身上就發生這樣的事，她後來利用「步調方法」減少與她濫權的論文指導教授見面的頻率。那位學生花了一段時間才發現她的指導教授多麼有破壞性，因為在一連串虐待式的電子郵件、電話和對話後，指導教授就會進入一個「愛心與鮮花」階段，也就是表現出悔恨的樣子，發誓要改善行為，並引起她願意原諒的本性。她告訴我：「他有時候會透過電子郵件寄給我他特地為我寫的詩，描寫我們『超棒的』的關係，在我的語音信箱裡留下感動人心的歌曲、稱讚我，甚至在會面時哭得一把鼻涕一把眼淚，說他很害怕我會離開他，改跟其他人共事。」然而，這名指導教授很快又恢復惡劣

道暴虐上司造成的痛苦需要有人處理，而上司也知道在縱容者「搓好湯圓」，在他們情緒爆發後減輕其力道並收拾殘局，「事情就會比較順利」。佛洛斯特形容有個可惡的高層主管，在長達十五年的時間以來，無論擔任什麼職位總會帶著同樣那位「大隊長」，例如當這位上司在會議中滔滔不絕的怒斥下屬之後，縱容者「就會逐間、逐間辦公室拜會，解釋上司的『真實』意見，並向人們保證他沒有表面上看起來那麼生氣」。最具破壞性的縱容者還會讓惡毒的施虐者看不見自己醜惡的真面目，向他們保證說他們的行為是可以被理解的、可以被接受的，受害者是活該，或許還保證說雖然這次他們搞砸了，但是他們「其實」不是這樣的人（就算他們無論何時都是徹底的混蛋）。

佛洛斯特認為，如果你扮演這樣的角色，其實你是問題的一部分，而非解決方法，雖然厲害的「喬事者」可以讓受害者和加害者都稍稍喘口氣，他們也能「讓人們和組織體系持續製造痛苦，年復一年而無法進入矯正行為的結果，他們事實上『掩蓋了』痛苦的來源，危害到每一個人」。我曾經跟一家矽谷大型企業的前第二把交椅談過，他承認自己花了將近十年時間安撫、壓下一大群苦惱的人，他們都受到他那位惡名昭彰、愛發脾氣、惡毒又沒耐性的執行者傷害，他好幾年後才明白，他的角色並不是能夠解開執行長荼毒的解藥，反而讓情況更糟。

如果你是上司，而你會為做出傷害行為的下屬辯解，要其他受傷的同事勇敢一點，那麼你也是縱容作惡的人，你應該要擔起你的責任，處理罪魁禍首的惡劣行為。例如，有位讀者跟我說，他被挪到一個「嘴上不饒人、說話大聲、愛管閒事、頤指氣使、意見超多、不識字、愛批判、傲慢，反正就是很討厭的」組員旁邊，他寫道：「暴露在這種環境不到三十天，我就因為十二指腸潰瘍而住院了。」為了證明他的施虐者有多大聲，這名讀者帶一支分貝計去測量她的音量，他寄給我的電子郵件中包含「一張分貝計的照片，她**不在**辦公室裡時的音量是四十四・一分貝」、「一張是在機械車間裡，在鋼輪軸上切割出鑰匙孔的過程測得七十二・三分貝」，還有一張照片的拍攝時間是他的同事「在電話上對某人大吼大叫時，測得八十五・八分貝」。

這位苦惱的讀者去找他的老闆抱怨並威脅要辭職時，老闆對他說：「對她那些廢話左耳進右耳出就好了。」這位讀者已經是團隊中第四位從他們老闆口中得到相同建議的人了，他們就得這樣處理這位可怕的大聲公，而且每個人都認為無論是老闆或其他人都不敢出言教訓、挪動或者開除他們可怕的同事——那位沒膽量的老闆就是典型的縱容作惡者。如果你在管理階層遇上針對某個惡霸員工的投訴和證據，卻只是告訴受害者要吞下去，而完全不想任何辦法改變或除掉施虐者，你確實就是問題的一部分，而非解決方法。

7. 小小時光旅行

我在第五章描述過人類可以進行「心智的時光旅行」，能減輕眼下因為混蛋而帶來的痛苦，只要告訴自己在這一切結束之後，回頭看，現在感覺很糟糕的也就不算什麼了——這對你很有好處。運用同樣的超能力也能夠幫助你實踐拒絕混蛋守則，就像我在這章一開始引用那位讀者的話：「不會有人臨死之際還說『我希望自己更惡毒一點。』」這句話讓我想起一位前ＦＢＩ探員在信上告訴我，他是「正在痊癒中的混蛋」以及他是怎麼做的，就像是要克服酒癮的人一樣，這是某種他「每次從一天開始」要對抗的症狀。這傢伙對自己過往的惡劣行徑感到羞愧，在他回首人生時，他希望在他痊癒之後，能夠以自己對待他人的方式為榮，而他對自己人生的這種期待，每天都能幫助他以更為有禮貌的方式對待身邊的人。

這種想像式的時光旅行，是我最喜歡的具有研究基礎的方法之一，能夠引出人們心中最美好的一面，壓抑住最糟糕的一面，這個方法是根據你在**未來**回首時希望有何感受，來決定**今天**要怎麼做。如果要實踐拒絕混蛋守則，這代表（很類似那位前ＦＢＩ探員的做法）在每天過日子時，不妨假裝已經過了一天、一週、一個月，或者一年，然後你會以你如何回應、如何對待他人為榮。這種想法很有幫助。想想你已經做過的事情會有什麼細微的差別？你做了什麼好保護自己不受面前的惡劣傢伙所害？你如何平息他們的敵意並反擊？你採取什麼行動以尊重與禮貌對待別人？

從想像中的未來回首看看現在吧，可以幫助你現在就做出對的決定。

談談計畫和豪豬

在我們開始前先記得：這是你的事而且你不孤單。

這兩個概念交織在一起，漂亮而完整概述如何面對任何的混蛋問題，同時也相當程度說明為什麼這樣的問題是人類境況中不可避免的一部分，而我們又如何能忽略一切壓力與誘惑，避免將彼此逼瘋。

《職場零混蛋求生術》強調，如果你覺得受到其他人的壓迫、不敬、欺壓或因此感到無力，應該由你來創造、執行並不斷修正你的計畫，這裡提供的研究、故事和技巧都是可以運用的素材，讓你策劃出專屬的求生策略（畢竟，萬無一失而完全通用的解決方法並不存在）。而且只要知道你並不孤單，轉向身邊的人，從其他目標、朋友、家人那裡尋求支持與建議，就更有機會擬出更好的計畫，帶著尊嚴和優雅的態度度過艱困的日子，然後以更堅強的面貌再次爬起來。

「這是我的事」以及「我不孤單」同時也反映出一開始製造出混蛋問題的壓迫力量。我們每個人都要負起照顧自己的責任，同時也需要其他人在情感和實際上的支持，而其他人也需要我們的支持。有時候，這一路上我們對別人要求得太多，他們也對我們要求得太多，我們就傷了彼此的心。我們共同的挑戰就是要從對方身上得到自己所需，且不去傷害對方。

哈佛大學生物學家愛德華・威爾森（Edward O. Wilson）提了一則從他同事保羅・萊豪森（Paul Leyhausen）聽來的有趣德國寓言，精準描述這些張力的本質，還有人們應該如何團結在一起面對。故事在說有一群豪豬在某個寒冷的夜裡靠在一起取暖，可是他們一靠攏，身上的刺就會刺到彼此，於是他們分開，可是天氣實在太冷，最後萊豪森說：「牠們來來回回移動幾次，終於找到一個適當的距離，牠們都能得到舒服的溫暖，也不會被刺到，從此牠們就把這段距離稱為得體與好禮貌。」

那些豪豬跟人類很像。如果我們每個人都願意付出，盡量和他人分享溫暖，不會去傷害到別人或自己，地球上就會有更多地方充滿得體與好禮貌，混蛋也會少很多。

重點回顧

▼拒絕混蛋的七個重點

1. 遵守達文西規則——一開始就拒絕，總比最後才拒絕簡單。
2. 不只保護自己，也保護別人。你可以利用自己的影響力來制定規範，也可以跟其他人一同打造安全的避風港。
3. 班傑明．富蘭克林效應——若是為某人做了好事，就會慢慢喜歡對方；若是我們對某人不甚友善，就會不喜歡他們。
4. 照照鏡子，是否有部分問題出在你身上？
5. 在你表現出混蛋樣子的時候道歉，但一定要是真心的。
6. 你是否縱容混蛋？遇上針對某個混蛋的投訴和證據，卻只告訴受害者吞下去，不想任何辦法，那你確實就是問題的一部分。
7. 小小時光旅行——根據你在未來回首時希望有何感受，來決定今天要怎麼做。

▼面對任何的混蛋問題，這是你的事而且你不孤單。

你的故事與想法

親愛的讀者：

你在這本《職場零混蛋求生術》中也看到了，許多人會寄信告訴我他們的故事建議，讓我學到許多。讓這件事繼續進行吧，如果你想要寫電子郵件告訴我你遭遇混蛋的故事，你學到什麼有關脫逃、忍受或打敗他們的方法，或是任何有關如何面對充滿惡意與不敬的人，請將信寄到 nomorejerks@gmail.com，我會讀每一封信，並盡可能回覆每一封信。

請注意，如果你把故事寄給我，就表示你允許我將故事使用在我的文章及演講中，但是我保證不會使用你的名字，除非你給我明確的許可。我也邀請你追蹤、推文或發訊息到推特帳號 @work_matters。

謝辭

在這一年多來，我每天都專注在寫這本書上，每次有人問我在做什麼，我常常開玩笑說：「我在努力打字打到我能離開在車庫中的單獨禁閉為止。」這個答案既正確也有錯誤。正確的是，因為我在車庫中的小書房寫《職場零混蛋求生術》，逃離這裡的唯一方法就是把書寫完。每個作家都會告訴你，要想寫完一本書，就必須要有長時間的單獨專心致志。不過這句玩笑話也會讓人誤會，因為聽起來彷彿這本書是我一個人的成就，但要是沒有眾多幫助（還要忍受我許多怪癖），這本書就不可能完成，包括許多才華洋溢、有耐心又無私的同事、朋友與家人。

有兩個人扮演特別重要的角色。多倫多大學的凱蒂·迪謝爾斯在二〇一五至一六學年客座於史丹佛大學，凱蒂不只從她的研究、其他學者進行的研究，以及她的創造力與常識，為我的書提供許多想法，還鼓勵我開始寫書，後來又在我的動機削弱時看準時機完成作品。第二位關鍵人物是麥可・迪爾靈，他是一名創業投資家，也曾經擔任高階經理，多年來我和他一起在史丹佛教授創新課程。麥可已經催促我（有時候用逼的）寫這本書將近十年，他認為我必須提供讀者更進一步的建議，讓他們知道如何面對混蛋。而且，憑藉著麥可有力的業務與行銷背景，他也鼓勵我寫這本書來強化我所謂的「混蛋商機」。

我要感謝史丹佛的同事史帝夫・巴利（Steve Barley）、湯姆・拜爾斯（Tom Byers）、彼得・葛林、奇普・希斯（Chip Heath）、潘・辛茲（Pam Hinds）、大衛・凱利（David Kelley）、派瑞・克勒班、赫亞格里瓦・拉歐、伯尼・羅斯（Bernie Roth）、提娜・希里格（Tina Seelig）、凱瑟琳・賽格維亞（Kathryn Segovia）、傑瑞米・亞特利，以及梅莉莎・瓦倫坦（Melissa Valentine）提供各式各樣啟發人心的建議與洞見。而一如往常，我要感謝傑夫・菲佛，他還是會不認同我的一些結論與建議，逼迫我更深入探討自己的想法。我也很感激從史丹佛以外的學者與作家所提供的點子和鼓勵，包括麥可・安特比、艾瑞克・巴克（Eric Barker）、拉茲洛・博克、亞當・葛蘭特、茱莉亞・克比（Julia Kirby）、丹・平克（Dan Pink）、克莉絲汀・博拉斯，以及班奈特・泰普。在過去兩年多來，有一小隊厲害而有耐心的史丹佛職員不斷拉我一把，包括羅莉・卡透（Lori Cottle）、提姆・奇利（Tim Keely）、保羅・馬卡（Paul Marca）、瑪莉琳・羅斯（Marilynn Rose）、羅尼・施羅（Ronie Shilo）、丹妮兒・史圖希（Danielle Steussy），還有特別是麥特・哈維（Matt Harvey）。先前就讀史丹佛的學生迪安娜・巴迪札德根、蕾貝卡・辛茲，以及喬基姆・班迪克斯・里昂，在這本書寫作期間協助調查。

我很感激有幾千人寄電子郵件給我，分享他們的「混蛋故事」，也親自跟我、或是透過電話、或是透過社群媒體說這些故事，雖然我無法說出大部分人的名字，但是你們的問題、建議、磨難、喜悅和幽默都啟發我寫完這本書，並以幾百種方式形塑這本書。我也要謝謝那些我能說出名字的貢獻者，讓我使用他們的故事與建議，包括IDEO的提姆·布朗、皮克斯的艾德·卡特姆、Salesforce前執行長與推特前工程部部長克里斯·弗萊、推特前主管史提夫·葛林、菲爾茲咖啡執行長雅各·傑布、億萬研究中心（Billions Institute）的貝琪·馬吉歐塔（分享她在西點軍校的菜鳥日子）、網飛前主管以及完全有話直說的派蒂·麥寇德、貝雅的保羅·普謝爾、捷藍航空的邦妮·希米（Bonny Simi），還有《華爾街日報》的傑森·佐維格。

克莉絲蒂·弗萊契（Christy Fletcher）是努力不懈、聰明又對我十分支持的文學經紀人，她不只鼓勵我、給予建議，也很懂得如何編修提案，為我將這本書的版權賣給適合的編輯與出版商。在我為了某件小事把編輯或出版社逼得太緊的時候，她會適時給我實在的回饋（其他時候也會鼓勵我逼得用力一點）。我很感激弗萊契公司的優秀團隊，包括希拉蕊·布萊克（Hillary Black）、梅莉莎·秦奇羅（Melissa Chinchillo）、葛瑞妮·福克斯（Gráinne Fox）、莎拉·富恩提斯（Sarah Fuentes）、維若妮卡·葛斯坦（Veronica Goldstein）、席爾薇・葛林柏格（Sylvie Greenberg），以及艾琳・麥法登（Erin McFadden），謝謝她們在各方面引領著這本以及我其他書籍，克服書籍出版業中各種瘋狂的規矩、傳統和特性。

寫這本書最棒的部分就是跟瑞克・沃夫（Rick Wolff）合作，他也是《拒絕混蛋守則》及《好老闆，壞老闆》的編輯，我們對彼此很了解。跟瑞克合作非常愉快，他總是非常支持我、鼓勵我，了解我的弱項以及如何藏拙，尤其擅長編修我含混不清又言過其實的文字，而不會削弱或扭曲論點或證據。我很開心瑞克加入布魯斯・尼可斯（Bruce Nichols）在赫夫頓出版社（Houghton Mifflin Harcourt）的工作團隊，布魯斯也相當支持《職場零混蛋求生術》的出版，而且我同樣很興奮能夠和布魯斯再聚首，他在二〇〇一年擔任我的《111／2逆向管理》（*Weird Ideas That Work*）編輯，做出一本很棒的書，那是我第一本獨挑大樑的出版作品。感謝蘿絲瑪莉・麥金尼斯（Rosemary McGuinness）在HMH出版社有時神祕難解的體系中照顧這本書，也要感謝在英國出版這本書的企鵝藍燈書屋（Penguin Random

House）中迷人的丹尼爾・克魯（Daniel Crewe），謝謝他提出擲地有聲的評論與建議。我也要謝謝賈斯汀・蓋蒙（Justin Gammon）、布萊恩・摩爾（Brian Moore）、貝琪・賽奇亞－威爾森（Becky Saikia-Wilson）、克里斯・瑟吉歐（Chris Sergio），以及麥蔻拉・蘇利文（Michaela Sullivan），他們很有耐心與毅力，為封面設計提出大概六十五種提案，包括我們最後終於選擇使用「阿斯匹靈」的概念後，他們便提出了三十種變化。

我從來沒想過自己會把「有趣」和「改稿」放在同一句話中，但確實如此，我很感激修稿編輯克莉絲汀・沃斯・杜蘭（Kristin Vorce Duran），在她開始工作前願意花時間理解我的寫作風格及目標，並且從頭到尾都跟我保持良好的溝通。克莉絲汀非常謹慎又厲害，在幾百個小地方都讓這本書變得更好，卻絕對不會損害我的措辭風格，因此我很驚訝也要很開心地說，在我人生中第一次覺得改稿的過程實在很好玩。

最後，這本書要獻給我的三個小孩：伊芙、克萊兒與泰勒。他們現在都是年輕的大人了，會告訴我許多發人省思、有趣又可怕的故事，關於他們如何理解、有時要對抗他們遇見的難搞又愛欺壓人的傢伙，我對他們的愛和感激超出了我能表達的能力。另外，我還要感激妻子瑪麗娜給予我的一切，她的耐心、智慧、直率與毫無保留的愛讓我和伊芙、克萊兒、泰勒的生活一天比一天更好，瑪麗娜對她在生活中遇見的每個人都懷著包容心，即使我們在一起這麼多年，依然讓我驚訝。

國家圖書館出版品預行編目（CIP）資料

職場零混蛋求生術：7顆特效藥擺脫豬隊友，搞定慣老闆，終結奧客戶！ / 羅伯・蘇頓（Robert I. Sutton）著；徐立妍譯. -- 初版. -- 臺北市：遠流，2018.10

面；　公分

譯自：The asshole survival guide : how to deal with people who treat you like dirt

ISBN 978-957-32-8369-0（平裝）

1.職場成功法 2.組織行為 3.人際關係

494.35　　107015644

職場零混蛋求生術
7 顆特效藥擺脫豬隊友，搞定慣老闆，終結奧客戶！
The Asshole Survival Guide

作者｜羅伯．蘇頓（Robert I. Sutton）
譯者｜徐立妍

總監暨總編輯｜林馨琴
責任編輯｜楊伊琳
行銷企畫｜張愛華
封面設計｜林雅錚

發行人｜王榮文
出版發行｜遠流出版事業股份有限公司
地址｜臺北市 10084 南昌路二段 81 號 6 樓
電話｜（02）2392-6899　傳真｜（02）2392-6658
郵撥｜0189456-1
著作權顧問｜蕭雄淋律師

2018 年 10 月 1 日　初版一刷
定價｜新台幣 350 元
ISBN 978-957-32-8369-0

遠流博識網
http://www.ylib.com　E-mail: ylib@ylib.com